U0155304

茶道

六百年

桑田忠亲 著

李炜 译

北京出版集团
北京十月文艺出版社

新经典文化股份有限公司
www.readinglife.com
出 品

目 录
Contents

第五章　茶道的规范化
—不昧和不白—

前言

拙著从多个角度通俗易懂地介绍了茶道的历史。所谓茶道，实际上是"茶汤之道"的简称。茶汤的原型，是中国宋代兴盛的一种饮食游艺，在镰仓①初期传到日本，并逐渐本土化，形成了名为"茶汤"的日式风雅游艺。到了室町②中期，在珠光的努力下，"茶汤"进一步技艺化，并最终发展成了茶道。

茶道，是日常生活中的艺术，是生活起居的礼节，也是社交的规范。茶道所重视的，是人与人之间在和睦宁静的氛围下温暖的心灵交流。这是一种诉诸感觉的美之盛筵，最大程度地提高了衣、食、住、行的生活品味，向人们昭示并宣扬了日常

---

① 镰仓时代（1185－1333），指日本在镰仓有幕府存在的时代，是建立在封建制度上最早的武家政治的时代。
② 室町时代（1336－1573），指日本足利氏在京都室町开设幕府的时代。

生活的范式模型，这就是茶道文化。

在茶道的历史中，人们一般将田村珠光看作是茶道鼻祖，将武野绍鸥定位为中兴名人，将千利休作为集茶道文化之大成者。他们都身处日本中世①的乱世期，以日常生活中的社交文化为基础，建立了绝对和平的、充满了人间之爱的殿堂。

茶道文化，在战国时代②末期，由一生目睹了众多世俗纷争与混乱、出生于泉州堺城的町人茶师千利休确立。尾张③出身的武将织田信长、丰臣秀吉等人平定了战国动乱，并在日本社会建立了和平秩序，此时重用以茶道的和平哲理为德的利休及其他堺城町人茶师，也是情理之中的事情。

本书概述了茶道这一日本独特传统技艺的规范、著名茶具的由来、茶会的变迁、茶道的精神等。在本书中，我尽可能避免高深的理论说明和空洞的概念叙述，在内容上主要以历史人物为中心，围绕能阿弥、珠光、绍鸥、利休、织部、远州、宗旦、不昧等茶师，以及佐佐木道誉、足利义政、松永久秀、织田信长、丰臣秀吉、德川家康、蒲生氏乡、黑田如水、加藤清正、织田有乐、

①日本历史学界对日本历史时代的一种划分方法。将日本历史划分为古代、中世、近世、近代、现代。中世指镰仓、室町时代。
②战国时代，指日本室町幕府的实体丧失，各地有实力的大名相互争霸的时期，大致从15世纪末到16世纪末。
③旧日本地名，今爱知县西部。

伊达政宗等武将的茶会情况、名人轶事、人物故事展开，力图使内容生动有趣，希望原本对茶道和茶具不感兴趣的读者也能因此产生兴趣。

明治（1868－1912）以后，茶道开始近代化，人们对茶道的关心程度也普遍提高，以各流派的宗主为中心，各种茶会活动日趋兴盛，对其缘由，本书也有所论述。另外，对于现代的茶事、茶会活动，尽管多有冒犯，我还是增加了一些批判性观点。

我立志要从事茶道研究，始于昭和十年（1935 年）。当时我三十二岁，在东京帝国大学的史料编纂所从事《大日本史料》桃山时代①的编纂工作，到今年已有四十五个年头。在此期间，我先后出版了《千利休》《武将和茶道》《古田织部》《片桐石州和茶道艺术》《日本茶道史》《千利休研究》《茶之心》等多部与茶道有关的著作，并系统学习了茶道的点茶规范、茶事的礼法、茶具的鉴赏等。特别是在战后成为国学院大学的专职教授以后，我不仅负责茶道史的授课，还专门创设了茶道研究会，向大学生们讲解茶道的理念、点茶的具体方法等。另外，关东大学茶道联合会成立之时，我被推举为顾问，并应各个大学的大学节邀请，做了有关茶道的演讲。

---

①丰臣秀吉完成日本统一的时期，从 1582 年的山崎之战至 1598 年丰臣秀吉去世，或者到 1600 年的关原战役为止。

从昭和三十六年（1961 年）起，东京世田谷区上野毛的五岛美术馆，连续数年举办了名品茶具的展览会和茶会，我曾在该馆的讲堂向汇聚一堂的众多茶道爱好者做了茶道史方面的演讲，此书就是在这些演讲记录稿的基础上整理修正而成的。因此，演讲中列举的名品茶具，以五岛美术馆的收藏品为主。另外，在整理此书时，我还列举了少量东京国立博物馆、根津美术馆、藤田美术馆的藏品作为实例。

在拙著出版之际，首先得到了五岛美术馆馆长西村清先生的许可，同时得到了讲谈社文库出版部青木一先生、学术文库出版部的宇田川真人先生的鼎力支持，在此一并表达我深深的谢意。

昭和五十四年初秋吉祥日

桑田忠亲

第一章

茶道的建立

能阿弥和珠光

关于茶道建立的历史，将分两章进行论述。第一章主要讲述室町时代的中期，即所谓东山时代，茶道初期时的情况。在这一时期，出现了能阿弥和珠光两位杰出的茶艺大师，以下将围绕这两位人物展开叙述。

一 艺术家能阿弥

目前对于能阿弥的研究尚不充分，所以还存在着许多不明之处，但我认为，他的确堪称日本历史上第一流的艺术家。通过能阿弥的个人经历我们可以了解到，他曾经是越前国^①守护大名朝仓氏的家臣，也就是说，他原本是武士，后来由武士"堕落"成了艺术家。尽管"堕落"一词听起来非常失礼，但实际上当时从武士变成艺术家的人中，有相当多的杰出人才，这是因为，艺术来源于生活实践，而武士生活的最大特点就是充满了活力。朝廷里那种重复、固定的生活模式，终究是不可能产生新事物的。能阿弥本名中尾真能。"能"这个字在日语中也发音为"nou"，他在剃度之后，从原来的名字中取了"能"字，称为能阿弥。

---

① 日本旧国名，大约为现今福井县的岭北地方及敦贺市，初设之时还包含现在的石川县全境。

他先是跟随六代将军足利义教，随后又侍奉八代将军义正公，一直担任将军的"同朋"。所谓"同朋"，是日本室町时代对侍奉将军及大名的艺人、茶匠和杂役的称呼。

被称为"同朋"的人有很多，这类人都用"阿弥"的称号，如世阿弥、善阿弥等。据说，这是从"南无阿弥陀佛"中取了正中的"阿弥"二字，以表明他们的身份介于出家人与俗人之间。一旦成为艺术家，就需要做好思想准备，虽然还是俗人，但要剃度并忘记世俗之事，全身心投入到艺技之中。

"同朋"之中有猿乐①师、园艺师等，艺技内容涉及各个领域，专门从事茶艺的人被称为"茶同朋"。不过，能阿弥不只擅长茶艺，他精通所有的艺技，堪称万艺大师。他擅长文学，精通连歌②。据说当时有"连歌七贤"，即有七位人物在连歌领域造诣很高，能阿弥就是其中之一。他甚至接替了当时天下第一的连歌大师宗砌，成了北野会所的"连歌奉行③"。供奉着菅原道真④的京都北野天满宫，至今依然保留着连歌堂的遗迹，我认

①猿乐又称"申乐"，是日本古代、中世表演艺术之一，也是能乐和狂言的源流。
②由短歌派生出来的日本独特的文艺形式，将短歌中五七五音的上句与七七音的下句连接起来，由数人交互吟和。
③奉行是日本平安时代至江户时代的官名，最初是掌管宫廷仪式的临时职役，镰仓幕府之后，用作衙门长官的官名。
④菅原道真（845－903），日本平安初期的学者、政治家，死后被尊为学艺之神。

为这也是受到了北野会所的影响。所谓会所，就是举行和歌会或连歌会的地方，在此期间，这些场所逐步按照茶事仪式进行了改造，后来开始作为茶室使用。

据说，当时的茶会方式模仿了和歌会或连歌会的模式，因此，参加者中既有连歌奉行，同时也有茶道奉行。当然，他们都是和将军家有直接关系的官员。单就能阿弥来说，他不仅擅长茶艺、文学，其绘画也很出名。当时流行的画称作水墨画，也就是墨笔画。能阿弥最初临摹宋元时代杰出画家的画作，后来自己创作，并创建了流派。与雪舟①等特别著名的水墨画家相比，能阿弥的水墨画或许稍显逊色，但在水墨画方面，他是阿弥派的开山鼻祖。

除了连歌和水墨画，能阿弥还擅长"立花②"，就是把花树立起来。这原本是供奉在佛像前的插花形式，后逐渐演变，用于俗世茶会之中，称作"池之坊立花"，并逐步日本化。它的步骤慢慢简化，演变成了今天的池之坊插花。"立花"是插花的雏形，但不用花草，而是以一棵花木为基础，甚至还会用到松木。在"立花"方面，能阿弥也是出类拔萃的。

能阿弥最擅长的是对唐物的鉴别，所谓唐物，主要指从中

---

① 雪舟（1420－1506），日本室町时代后期的画僧，研究中国宋、元绘画，以激越的笔致和真实的构图，成为日本中世水墨画的集大成者。
② 日本最古老的插花样式，17 世纪由二代池坊专好发扬光大，以佛教的世界观、自然观、人生观为根本思想。

国传来的艺术品。能阿弥擅长鉴别这类物品，他眼光独到，能够判定唐物的美术价值、特色及其由来。用现在的话说，就是具有艺术鉴赏的能力。由此而言，他确实是一位万能艺术家。

能阿弥最初侍奉六代将军义教公，成为"同朋"。七代将军义胜英年早逝，之后能阿弥又侍奉了建造银阁寺的八代将军义政。在他所做的工作中，需要特别指出的一点就是对"东山御物"的制定。义政在京都东山的山庄（即现在建有银阁寺的地方）命人制定了足利将军家的御物。御物一词，在日语的发音中一般读作"Go motu"，也可以读作"Gyo motu"。日本皇室宝物中，最为著名的是东大寺正仓院的御物——也就是圣武天皇的宝物。义政将军时代，模仿皇室御用物品来制定足利将军家的宝物，便有了"东山御物"。能阿弥在义政的命令下，具体负责制定"东山御物"的工作。

足利将军一门，自尊氏①以来，历代将军都是非比寻常的艺术爱好者，特别是第三代将军义满，开创了与明朝的勘合贸易②，从中国进口了珍贵的艺术品，并将它们珍藏起来。然而，此后将军家的势力逐渐衰落，到了第八代将军义政时期，有些珍品已

①足利尊氏（1305－1358），日本室町幕府第一代将军。
②明日贸易，是指明朝与日本（室町时代）两国之间所实行的商业交易活动。明日贸易的时候，因为需要用到被称作"勘合符"的许可证，所以明日贸易又称作"勘合贸易"。

经散失，所以义政痛感有必要制定御物。

在这种情况下，此项工作自然落在了鉴定名人能阿弥的身上。尤其是要为唐朝绘画封题，即需要鉴定绘画的作者，比如究竟是玉涧的作品还是牧溪的作品。能阿弥全身心地投入到了这项工作中。因此，现在还遗留着由能阿弥封题的唐朝绘画作品，它们一般都被认为是"东山御物"。

另外，在能阿弥的著作中，有一本《君台观左右帐记》，同时也被收编在《群书类从》中。"君台观"就是指像银阁寺那样的台阁建筑物，引申为生活在那里的将军。而所说的"左右帐记"，根据学者的解释，包括"左帐记"和"右帐记"，即左账簿和右账簿，二者合起来称为"左右帐记"。总而言之，就是一种备忘录，是记录将军家所藏宝物的账本。据说《君台观左右帐记》由能阿弥着手整理，其孙子相阿弥最后完成。

因此，在内容确凿可信的著名茶道秘笈《山上宗二记》中，将能阿弥称作将军家"同朋"中的名人。《山上宗二记》是桃山时代珠光流的茶道秘传书籍，创作于千利休的晚年。书中写道："能阿弥乃同朋之中名人也。"由此可以认为，能阿弥是位了不起的茶艺大师。

二　书院装饰规则的制定

能阿弥在日本茶道历史上到底留下了怎样的功绩？首先要提的就是书院装饰。能阿弥规定了在书院茶室做茶道时壁龛、高低搁板①的装饰方式。这里所说的茶室，原本是中国式的茶室。茶道起源于寺院，是为了向佛祖供奉茶水而出现的。此后，随着佛教一起逐步向东传播，最后传到了日本。在这期间，日本俗世中开始流行一种叫作斗茶的游戏，这种斗茶游戏在中国的宋代颇为盛行，并在镰仓时代末期至南北朝②初期传到了日本。

当时的茶室似乎皆为中国式样，被称作"饮茶亭"。提到饮茶，很容易让人联想到现在的茶店，似乎很新潮。不过，当时的饮茶亭是两层的茶室，楼下称作客殿，是客人们等待的场所，就是现在所说的等候室。二楼被称作台阁。一般来说，准备工作就绪后，在客殿等候的客人就会被邀请到二楼，在台阁上进行斗茶。这种两层建筑的茶室，就是中国式样的茶室。尽管这种建筑并未保留到现在，但在《喫茶往来》等当时的书籍中留下了相关记录。现在位于京都东山的银阁寺，就是两层建筑，我

①在壁龛或客厅柱子之间这样的地方设置的交错搁板。
②这里的南北朝指日本 1336 年至 1392 年间同时出现南、北两位天皇的时代。本书中未特别注明的南北朝，均指日本的南北朝时代。

认为，茶室应该和它大致相似。虽然不确定银阁寺的部分建筑是否曾当作饮茶亭，但大体上让人觉得南北朝时代的茶室就是那种感觉的建筑物。我认为，在饮茶亭中也存在台阁的装饰方式，虽然不知能否称为台阁装饰，但毫无疑问，茶具的摆放方式肯定是存在的。

众所周知，所谓的斗茶就是一种饮茶竞猜的游戏，即饮茶后判断出是否为正宗的茶。当时所说的正宗的茶，是指京都栂尾①的茶。在栂尾茶最为盛行的时代，宇治②等地尚不是正宗的茶叶产地，直到战国时代，宇治茶才得到认可。这些正宗产地的茶称作"本茶"，其他的茶称作"非茶"。参加游戏的人除了要鉴别茶叶，还要鉴定沏茶用的水。猜对次数多的获胜者能够得到赠品。在这里，赠品成了赌注。这类游戏方式就是斗茶，都在饮茶亭的台阁内进行。于是，这种从隔海相望的中国传来的斗茶会逐渐日本化，并开始称作茶会。茶道建立之后，斗茶又以品茶会的形式保留了下来。总之，斗茶日本化后，茶室也从饮茶亭的台阁转移到了会所③中。在会所举办的斗茶会，已经是日本化了的斗茶会。也就是说，起初流行的还都是中国式

①地名，位于京都西北部清泷川沿岸。
②地名，位于京都南部，以高级名茶玉露的产地闻名。
③贵族、上层武士等阶层其宅邸内的客厅。

的东西，后来逐渐适应日本的风土，变成了日本人喜好的东西。在日本，这种情况不仅限于茶道，其他艺术也大抵如此。

于是，茶室就变成了连歌会所那样的建筑物，这些都是日本式的朴素建筑。当时在会所举办的茶会，虽然名称有所改变，但还是指斗茶会。

此后，从中国又传来了气派的建筑模式，这就是书院建筑。大致在南北朝时期，贵族的外客厅就开始采用书院建筑。在能阿弥活跃的东山时代，将军家以及上流大名、武士的宅邸客厅，都变成了书院建筑。这里所说的书院，原本指禅宗僧侣的书房，同时兼作起居室及客厅，大致样式就是正面为壁龛，旁边摆放高低搁板。如此气派的客厅建成之后，就可以开始在这里举办茶道茶会。没有这类书院式客厅的平民百姓暂且不论，像足利将军等位高权重的官员们都开始在这样的地方举办茶道茶会。然而，就在能阿弥等"同朋"侍奉将军举办茶道茶会时，问题出现了，如何在这样的书院建筑式的客厅中举办茶道茶会呢？又该如何装饰茶道的用具呢？为此，能阿弥编写了书院装饰的规则。

由于书院装饰的规则过于繁琐，在此只能简单概括。总而言之，与饮茶亭的台阁装饰及会所的装饰方式相比，由于室内样式截然不同，所以差别巨大。单是壁龛就大不相同。说到书院建筑式的客厅，现存最为古老的是银阁寺东求堂的同仁斋。那是一个只有四叠①半大小的小书院，义政就曾在那里举办茶道茶会。

一般来说，日本的小书院，大多都是四叠半，最多六叠。当然，也有中书院、大书院。说到书院，就是指客厅，因此壁龛相当大，称作"大壁龛"，高低搁板也非常气派。无论是饮茶亭的台阁，还是会所的装饰方式，都不适合这类房间，于是人们想出了非常严肃的装饰方法。根据《太平记》的记载，最初编制书院装饰规则的人是南北朝时代的佐佐木道誉，他是近江的守护大名，也是位非常厉害的茶艺大师。但最终完成这种装饰方式的人，应该还是能阿弥。

因为书院的客厅都是大壁龛，所以壁龛中首先要挂"三幅对"，即三幅挂轴。如果是中壁龛，就要挂"双幅对"，即两幅挂轴。挂轴一般是裱好的，多为唐绘，即从中国传入的绘画。如果挂"三幅对"，它的前面要放置一种叫"三具足"的东西。说到具足，大家很容易联想到盔甲，其实不然，它是一种具有严肃的宗教意义的器具。因为有脚，所以叫"具足"。三个具足能够组成一套，所以叫"三具足"。尽管盔甲在日语中也叫"具足"，但那只是

---

①叠是计算榻榻米数量、表示房间大小的量词，一叠大致相当于1.62平方米。四叠半，即指四张半榻榻米大小的房间。

语言上的模仿。正如大家所知，"三具足"是指香炉、花瓶和烛台。香炉用来焚香，花瓶用来立花，并非现代意义上的插花。还有，烛台用来点灯烛。这一系列的做法大体上引用了佛像装饰的手法。

此外，还有高低搁板，搁板上层放香盒（装香木的容器）、茶叶罐、天目茶碗、汤瓶。现在的茶道中一般不用这种装热水的汤瓶了，当时由于并不在客人面前摆出茶釜①，所以需要用到这种汤瓶。在今天来看，用汤瓶点茶的方式，就像聚众茶会上直接将预先点好的茶端上来的简单方式。左手持汤瓶，右手持茶筅②，一边对着茶碗中的抹茶冲开水，一边用茶筅点茶，做法简单。在这种时候使用的装热水的瓶子就是汤瓶。斗茶会中也曾用到这些东西，它们原本是禅宗寺庙里使用的。但是，茶道建立后，就不再使用汤瓶了，不过当时这类东西依然放置在高低搁板的上层。高低搁板的下层则放置食盒，即装有食物的木制漆器。另外还有盆石，是用来装饰这些东西的。

在书院建筑中，有称作"书院窗"的窗户，窗户下放有书桌。桌子上摆放砚台、镇纸及其他文房用具。因为书院原本是禅宗

①指茶道用的烧水锅。
②也作茶筌，是烹茶时的一种调茶工具，由精细切割的竹片制作而成，用以调搅抹茶，是点茶必备的工具。

僧侣用来学习的书房，因此文房四宝等成了必需的装饰物。禅宗僧侣的书房原本兼作起居室和客房，所以有非常洁净的氛围，让人感觉整洁素雅。与之相比，无论是之前的会所装饰，还是更早的饮茶亭的台阁装饰，都会让人有低俗之感。特别是饮茶亭的装饰方式，有人认为，只要将一些稀罕物品杂乱无章地摆放在一起就可以了。例如，挂轴的装裱就是这样。一味追求漂亮的材料，选择金线织锦、缎子、印金绸缎等，只要漂亮就行。可日本的书院建筑不同，不会将一大堆看似豪华之物乱七八糟地摆在一起，而是要讲究和谐，或者说协调。以挂轴为例，人们会首先考虑上面的画和文字与装裱是否协调。这来源于日本的自然和风土，还有和歌的影响。

此外，还有天目茶碗，这是一种带有底座的茶碗，是身份高贵的人点茶或者做"台子点茶"时使用的。天目茶碗放在漆器底座上，作为向神佛敬茶时所用的茶碗而知名，据说原本产自中国浙江省的天目山脚下，在天目山山麓的禅宗寺院中首次被发现，后来有人把它带到了日本，故得名"天目茶碗"，简称"天目"。现存被大家熟知的天目茶碗，有尾张德川家祖传的"灰被天目"、加贺藩前田家祖传的"梅花天目"、五岛美术馆收藏的"树叶天目"等。

三　台子^①装饰规则的制定

能阿弥将书院建筑式的客厅作为茶室，接着又编制了书院
建筑以及台子装饰的规则。如果是在书院建筑式的客厅举办茶
道茶会的话，之前那种普通的点茶方式并不适合。在饮茶亭的
会所举办茶道茶会时，会使用汤瓶。左手持汤瓶，右手持茶筅，
往装有抹茶的茶碗里倒汤瓶中的热水，同时用茶筅快速点茶，
非常简单。然而，将军已无法满足于如此简单的点茶法，因此，
能阿弥想出了使用台子点茶的方式。研习茶道的人肯定知道台
子点茶，即使没有学过茶道，只要见过献茶式也应该有所了解。

台子，原本是向佛祖敬茶时使用的佛具，属于茶具的一种。
真正的台子是涂了黑漆的。因为它是佛具，所以只在佛教的寺
院中使用，在俗世的茶会上一般不会使用。所谓的"台子一式"，
指台子加全套的茶具，据说是南浦禅师在镰仓时代末期从中国
的径山寺^②带到日本的。这位南浦禅师，也就是南浦绍明。五岛
美术馆里收藏有他的墨迹，是非常珍贵的文物，被指定为日本

---

①茶道用具之一，即茶具架，是一种用两根或四根柱子将上下的板子连接在一起
的架子，用于装饰茶具。
②位于浙江省杭州市余杭区径山镇，建于唐天宝年间。

重要的国家文化遗产。南浦禅师后来获得了国师称号，被称作"大应国师"。

　　据说"台子一式"从筑前的崇福寺传到了京都紫野的大德寺，后来因足利尊氏皈依而闻名天下的天龙寺的开山鼻祖梦窗国师将之弘扬于世。梦窗国师是位德高望重的禅僧，开创了位居五山之上的天龙寺，他的墨迹五岛美术馆也有收藏。据说，足利尊氏非常尊崇梦窗国师，无论是政治问题还是生活问题，都会一一向他请教。

　　能阿弥最终构想在将军的茶事之中使用"台子一式"。为了符合将军之家的身份，他在如何装饰台子上煞费苦心，对原本用于佛像前的"台子一式"的装饰方式进行了改革。之前的研究证明了能阿弥是将"台子一式"运用于茶道的第一人。这就是被称作"三种极真"的台子装饰。如果您见过现在的台子装饰方式应该能明白，它与献茶式和台子点茶时的装饰大抵相同。在台子下层的板子上，放置着风炉釜（即放在风炉之上的茶釜）和水壶，中间放着茶勺架，里面插着茶勺和火筷子。另外还有水罐①、盖托等。台子的上层叫作"天板"，上面放置茶碗和茶叶罐来装饰。茶碗，就是所谓的预备用茶碗。除此之外，还有

---

①盛水的容器。点茶之时要先涮洗茶碗，然后将洗完后的水倒入水罐中。

茶巾、茶筅、茶勺。茶叶罐当然也装在袋子里，袋子叫作"御仕服"。这些东西，据说都是能阿弥发明的。

四 台子点茶

在用台子装饰好茶器后，接下来就是使用装饰好的茶器点茶，这称作台子点茶。在今天，如果有人完全掌握了台子点茶的技巧，就意味着在茶艺方面得到了真传，是非常值得骄傲的事情。不过，台子点茶种类繁多，有乱台子、行台子、真台子等各种形式。其中，真台子属于最高级别，除此之外似乎还有各种其他形式，不过都是后世的茶师发明出来的。

当然，这种台子点茶的方式，已经和以前大不相同了。比如，现在若在明治神宫举办献茶式，虽然会由非常著名的茶道老师进行台子点茶，但形式上因为经过了利休的改革，已经比过去简化了许多。古流或者说古式的台子点茶太过繁琐，利休对它们进行了改造，将古式改为了新式，省略了许多步骤。即便如此，正如大家所见，台子点茶依然相当麻烦，同样会让人看得提心吊胆。在那么多人面前，哪怕出一点差错都会难以收场。虽然作为出色的茶道老师，应该不可能出错，但总归都是人，说不好会在什么地方出问题，因此我总是在一旁提心吊胆。不过他们一般不会出错，手都是按照顺序自然移动。我曾见过里千家的家元①淡淡斋宗匠进行台子点茶，让我不禁敬佩其娴熟的手法。我也曾稍加模仿过，所以更是深有感触。

但是在以前，台子点茶更为复杂。特别在战国时代，绝对是需要赌上性命的事情。如果在织田信长或丰臣秀吉面前做台子点茶，稍有不慎，就会被砍掉脑袋。在如今这个尊重人权的社会里，就算有一两处失误，也绝不会有性命之忧，这一点真是难能可贵。在过去，人生在世，命如草芥，特别是碰上织田信长或丰臣秀吉这样的权力者，对茶道老师来说，就是生死攸关的事情，因此，做茶道时浑身发抖也在情理之中。如果现在点茶时还会发抖，只能说明此人胆量太小。联想到这些，不禁令人感叹战国时代的茶师真是太不容易了。即使不是茶道老师，普通的艺人们也同样辛苦。学艺的过程非常严格，老师教授弟子时甚至会拳脚相加。现在，别说殴打，就算是批评几句，学生们都会赌气不再来上课，在心里抱怨老师苛刻，导致茶道老师"生意惨淡"。因此，老师在教弟子的时候，还要注意他们的情绪，这也许就是民主社会的特点吧。

---

①在日本传统技艺领域中，专门指代流派创始者、正统传承者等，类似中国国内派系的"掌门人"。

总之，能阿弥对台子点茶的礼仪、台子点茶的方式进行了多方面的研究。至于古流台子点茶的具体情况，因为太过繁琐，在此就不一一介绍了。正如前面提到的，在过去的饮茶亭或会所进行的点茶方式，即左手拿汤瓶直接向抹茶上倒热水，右手用茶筅不停地点茶，已经是非常现代化的点茶方式了。它模仿了禅院僧人依次为许多人献茶的大座汤。斗茶会的点茶方式也是如此。因为能阿弥是由武士"堕落"为艺术家的，又是将军家的"同朋"，所以，他在发明台子点茶时，在茶道中融入了小笠原流派的武家礼法。小笠原流派的武家礼法是将禅林的清规按照武家模式改造而成的，据说由信州的豪族小笠原发明，最终形成于室町初期足利三代将军义满之时。

这种小笠原流派的做法被引入了点茶法之中，例如柄勺的使用方式。众所周知，柄勺有置柄勺、切柄勺、引柄勺三种类型，操作方式就是拉弓射箭的方法。换言之，是将武家的弓箭操作法引入了茶道的柄勺使用法之中。另外，茶道中搬运茶具时的走路方式，融入了能乐舞蹈元素。在现代茶道礼法中，从"茶道口①"到台子前的走路方式已经改良为了现代模式。据说越是古流越复杂，行走速度也比现在慢得多，是一呼一吸走半步的速度，还会

---

①指茶室中沏茶人的出入口。

将脚尖翘起，这来源于能乐舞蹈的走路方式。即使在当今，越是古老的茶道流派，走路方式越像在演戏，脚尖还是会翘起，让人觉得不自然。而千家流则主张不必保持那样不自然的走路方式，应该像普通人走路一样自然。但这是经过改革后的现代方式，我估计千家流原本也是像能乐舞蹈那样非常古风的走路方式。

至于茶器的搭配组合，有个尺寸的问题，被称作"曲尺割"，也是个棘手的问题。即使在今天，虽然能用榻榻米的张数来测量尺寸，但说到"曲尺割"还是很难的。它有细致的规定，在茶书《南方录》中有相关的详细记载。我们无法完全证实能阿弥时代的"曲尺割"与书中的记载是否相同，但最初规定茶器搭配组合的"曲尺割"尺寸的人是能阿弥，最后完成的是武野绍鸥。这在《南方录》中也有相关记载，虽然无法确信其可靠程度，但已得到了大家的认可。

再就是点茶时的服装，和以前相比确实清爽了许多。根据《喫茶往来》《太平记》等书籍的记载，参加斗茶会、特别是饮茶亭大会的人，无论是客人还是主人，穿着打扮都极其夸张。主客双方都装扮成具有相当地位的和尚，身穿缎子衣，外罩金线织花锦缎的袈裟。地上铺着豹子皮之类的东西，身体还靠着凭肘儿①。如

①席地而坐时靠于胁部，用以搁肘和支撑身体的用具。

此光彩奢华，人们甚至用"百尊圣佛安坐之场景亦不如此"的夸张说法来表现在座主客的样态。当然，这只是上流武家社会的斗茶会。而能阿弥规定的茶人服装，比斗茶时的奢华服装更具日本特色，只是根据身份的不同有所差别。即身份不同，服装也不同。具体而言，身份低的庶民必须穿礼服"裃^①"。身份低的说法似乎不太恰当，应该叫俗人吧，他们要穿"裃"。还有僧侣以及与僧侣相近的人，比如能阿弥这样的艺术家，要穿袈裟和"十德^②"，也就是穿着十德，再披上袈裟。另外，身份高贵的所谓的贵人要穿"素袍^③"，包括练习茶道时也要穿素袍。将军在做台子点茶时穿"神官服^④"，八代将军足利义政就曾身着神官服做台子点茶。

五 "东山御物"的制定

能阿弥的另一个伟大功绩，就是对"东山御物"的制定。他将足利将军家传承的唐物名器分为上、中、下三等，选出了

---

①礼服的一种，由质地、色调相同的无袖短外衣和裙裤组成。
②日本古时武士礼服，袖根缝死的短身和服。
③一种方领、无徽、带胸扣的武士便服，始于室町时代，江户时代用作武士的礼服。
④日本文武官服的一种，原为民间实用型衣服，用于狩猎等场合，近世成为武士的礼服。

上等品及中等品中的上品,将其命名为"东山御物"。除了能阿弥,将军义政也参与了筛选工作,还有能阿弥的儿子艺阿弥、孙子相阿弥都参与其中,到了第九代将军义尚的时候才最终完成御物的制定。所谓的"东山御物",整体上唐绘居多,主要是宋元时代的名画,都是挂轴,能阿弥为这些画逐一封题。此外,还有香盆、烛台、香炉、花瓶、茶碗、茶叶罐等各种茶具。这里所说的茶叶罐,是指存放装在袋子里的碾磨之前的茶叶的陶瓷罐,也叫"大罐",和装抹茶的"小罐"相对,这类物品的数量也比较多。据说足利义政喜欢七种茶釜,其中之一现在就收藏在五岛美术馆。那是芦屋的有名茶釜——芦屋狮子牡丹地文釜,釜身上描绘着狮子戏牡丹的图案,是非常豪华的茶釜。

"东山御物"中的名品,仅有很少一部分保留至今。有些物品虽然没有保留下来,但在历史上有明确的记载,在此可以列举一二。比如松岛的茶叶罐,据说此物在许多细节上都非常奢华。在日语中,奢侈一词由"贅"和"沢"二字组合而成,"贅"为奢华之意,"沢"指数量众多,即太多的奢华就构成了奢侈。松岛茶叶罐上体现出的"贅",多得就像日本三景之一的陆前松岛①的岛屿数量,由此可以看出,这种茶叶罐非常奢侈稀有。但是,茶道

①日本著名的三景之一,位于日本东北仙台市松岛湾内,以碧海、白浪、青松著称,岛屿众多,有"八百零八岛"之称,实际有260多个。

建立后，奢侈之风便不再流行了，这种一味追求稀奇珍贵的趣味开始被认为是低级趣味，松岛茶叶罐的价值也有所降低。这是因为茶人的审美眼光逐渐变得洗练，开始讨厌太过醒目的奇珍异宝，这就是茶道所倡导的"侘①"。

与松岛茶叶罐相比，珠光拥有的松花茶叶罐具有闲寂的韵味，也被归入了"东山御物"之中，现收藏于名古屋的德川美术馆。还有装香木和香料的香盒"立布袋"和"居布袋"，这是一对"堆朱②"的香盒，传说是张成所作。在堆朱的盖子处，分别雕有站立着的布袋③和坐着的布袋，凑为一对。目前，"立布袋"收藏于根津美术馆，"居布袋"收藏于德川美术馆，这对香盒在现存"东山御物"中也算是名品了。

还有玉涧的"潇湘八景图"。这是著名的水墨画，原来应该有八幅。传说它本是一幅长卷轴，后被分割成八份，装裱成了八幅画。其中的一幅"远浦归帆图"现保存于德川美术馆。还有早已散失的徐熙的"白鹭绿藻图"，由宋代画家创作，俗称白鹭之画。这幅画极具色彩之美，在漂浮着绿藻的池水正中，站立着两只洁白无瑕的白鹭，画面清新美丽。这幅唐绘具有丰富

---

① 日语发音为 wabi，有闲寂之意。
② 雕漆工艺的一种，先反复多次涂上红漆使之变厚，再雕刻花纹。
③ 中国传说中唐末五代时期的禅僧，经常袒露大肚子，肩背布口袋，云游四方化缘，被称作布袋和尚，在日本被奉为七福神之一。

的故事背景及历史渊源，只可惜现在已经散失。此外，还有"作物茄子"，就是织田信长在本能寺之变中烧毁的茄子形状的茶叶罐。不过，传说有人从大火后的废墟中将其挖掘出来，后来传到了岩崎家。总之，这些都是"东山御物"中特别著名的茶具。

六 茶汤的创始人珠光

接下来我要谈一谈茶艺大师珠光。珠光被誉为茶汤的开山鼻祖，所谓开山鼻祖，原本是指开创了一个宗派的伟大和尚，用现在的话说，就是创始人。茶道创始人珠光是位传说中的人物，有学者甚至认为历史上并无此人。不过，利休时代的茶道秘笈《山上宗二记》以及略早一些的文献中，都出现过珠光这个人物。如果仅仅因为在东山时代的日记和信件中没有出现珠光就否认他的存在，并不妥当。

传说珠光原本是奈良城名寺的僧侣，最初只是个小和尚，后来因为怠慢了寺役，被逐出了寺庙，之后便到各地流浪。就是这样一个人，后来成了一位了不起的人物。珠光在四处流浪期间似乎经历了很多事情，但我想他肯定不是在毫无目的地闲逛，否则日后绝对无法扬名于世。珠光曾在京都三条建造了小庵，在那里教授茶汤。在此之前，他肯定在某处研习了茶道，最后自己独创一派。四处游逛的人突然成了茶道老师，这未免匪夷所思，但也只能这样推测。珠光非常好学，曾跟着能阿弥学习立花和唐物的鉴别方法，这确有其事。日本最古老的茶道秘笈《山上宗二记》，是利休的高徒山上宗二在利休的晚年，即天正十七年（1589 年）写成的。《山上宗二记》第一卷大部分讲的是器物鉴别的秘传之法。书中将东山时代以来的名物器具按名称分门别类地排列成册，并记录了各类器具的由来、形态、保存者的姓名等。通过此书，我们可以大致了解利休之前有哪些著名茶器，以及这些茶器秘藏于谁家。而涉及到更详细的内容，就标有"口传"或"保密"的字样，省去了说明。也就是说，这一部分会以口传的方式传授。《山上宗二记》的大部分内容，介绍的是珠光从能阿弥那里学到的唐物鉴别之法，后来绍鸥、利休、山上宗二等人又作了注释。

我们知道，珠光曾跟随能阿弥学习立花及唐物鉴别法，之后，又跟随大德寺著名的一休和尚参禅，由此大彻大悟，并得到了印可[1]之证，这就是现存东京国立博物馆的著名的园悟禅师[2]的墨迹。园悟禅师是宋朝天宁寺的和尚，相当于大德寺派禅宗的创

---

[1]佛教用语，师父对弟子的开悟予以证实并认可。
[2]园悟克勤（1063 – 1135），宋代高僧。俗姓骆，字无着，法名克勤。

始人，珠光从一休手上得到了园悟的墨迹作为印可之证。既然珠光被授予了印可之证，说明他已经大彻大悟。珠光原本是为了改革茶汤才去参禅，要说悟到了什么，应该就是"佛法亦在茶汤中"。佛教虽然创建了非常复杂的理论，其实最终还是佛之教诲。所谓佛之教诲，并非只存在于佛经的深奥语句中或佛堂上的法谈等正式场合。只要有客人来访，就会敬茶，主人自己也会相伴而饮，佛之教诲就存在于这种日常生活中。反过来说，就是"茶汤之中亦有佛法"，珠光悟出了这个道理。于是，他将一休和尚授予他的园悟禅师的墨迹挂在草庵茶室四叠半客厅的壁龛上，在那里点茶。以此为转折点，人们开始在茶室壁龛上悬挂著名禅师的墨迹。在珠光之前，茶室里主要悬挂佛画及唐绘，都是些山水画、花鸟画或人物画。将禅宗大师们的墨迹悬挂在茶室，是在珠光之后的事情。

总之，随着珠光不断制定出独特的茶汤之法，在日语中被称作"数寄屋"的草庵茶室也逐步确立。也就是说，将之前像书院建筑那样的中国式茶室进一步日本化，使之与日本风土更加吻合，这种茶室看上去像是农村的建筑模式，给人一种质朴亲切的感觉，这就是与书院建筑相对的"数寄屋"建筑。同时，珠光对"数寄屋"茶室的内部装饰也制定了相应的标准。

珠光的茶汤，称作草庵的"侘茶"，是精神本位之茶，以尊重人的内心为宗旨。能阿弥的茶汤较为严肃，属于形式主义。与之相比，珠光则在阐释更为深奥的道理，可以说是贯彻"道"之茶（下面将有详细论述）。从这个意义上讲，珠光是茶汤的改革者。在日本当时的艺术家中，如果要改革一种艺技，另辟新路，大多会跟随大德寺的一休和尚学习参禅。比如，画家曾我蛇足、连歌家柴屋轩宗长、能乐方面的今春禅竹等人，而在茶汤方面，就是珠光。

一休和尚是位杰出的僧人。要说一休的故事，并非简短几句话可以说完。总之，他是一位想法非常纯粹的人，言行独特，留下了许多有趣的奇闻轶事，比如关于他的机智故事等。一休是一位不追求到真理绝不罢休的人，是人生真理的探求者。当时的和尚分为两种，一种是所谓的高僧，一种是沉迷于酒肉的花和尚。一休对这两种和尚都持轻蔑及否定态度，他主张在做僧人之前，首先必须是一个真正的人。他否定虚伪、虚荣、形式主义和因袭等行为，而是按照事实随心所欲地办事。因此，许多人对他恶语相加，说他是怪僧、假和尚等等，但一休不会畏惧别人的诋毁。在他的诗集《狂云集》中，就能体现出他对所有事情彻底的洞察力。

因此，师从一休这样一位僧人，得到开悟，并被授予了印可之证的珠光，自然不会满足于之前那种敷衍了事的茶汤，也无法忍受那种没有精神内涵或欠缺真情的形式主义茶式及茶礼。斗茶自不必说，就连能阿弥的茶汤，都无法令珠光满意。但对珠光来说，能阿弥是他的立花之师，同时也是唐物鉴赏的老师，师徒的交往无疑会逐渐扩大到茶汤方面。

此外，能阿弥应该特别佩服弟子珠光的热情，所以才会像《山上宗二记》中记载的那样，传授珠光鉴赏唐物的方法。能阿弥是将军的"同朋"，珠光是奈良的平民，身份原本不同，但或许能阿弥认为学习艺术没有身份高低之分，所以认可了珠光在茶汤上的长处。在能阿弥眼中，珠光是自己的弟子，他向珠光传授了立花及唐物鉴别的方法，而这位弟子在茶汤上十分了得，所以老师开始敬佩弟子的茶。于是，能阿弥将珠光推荐给了足利将军义政，因为珠光的茶确实了不起。能阿弥曾说过："应学孔子之道。"也就是说，茶汤中富有道德，表现出了"道"。

说到"道"，如今已不太流行，一讲到什么道德教育，马上会引起大家的反感。谈起道德，会给人一种要将某些固定的概念强加于人的感觉。但是，就像我们平常走路一样，绝不能胡乱地走。如果像醉汉一样不顺着道路乱走，就有可能掉到田地里或水沟里。走路的时候，还是要沿着大路走，这就是"道"。但是，道路的"道"能够用肉眼看到，而所谓的"茶之道"却看不到，正因为眼睛看不到，才不知道存在于何处，往往容易迷失。这就是茶之道，也就是茶道。无论是人之道，还是道德，其实道理都一样，只是这种说法似乎有些陈旧。珠光确立了茶之道。简而言之，能阿弥对珠光的茶之道十分钦佩，于是将珠光推荐给足利义政担任茶道老师。

以前在将军面前，能阿弥要坐在上座，珠光因为是平民，只能居于末席。但这样一来，两人的位置发生了颠倒。珠光坐在上座，能阿弥坐在下座，这实在令人惊讶，因为很少有人能做到这一点。现在的人，比如一些公司职员，哪怕工资只涨了一千日元都会觉得自己的地位提高了，专门将自己的桌子挪到上座方。其他人看不过去，下决心要超越他，于是讨好科长当上了组长之类的小官，结果又要重新摆放桌子，他们的脑子都用在这类事情上了。政府职员更是如此。真希望这类小气的男人能够学习一下能阿弥，他因敬佩对方而主动选择下座，实在不是寻常人能够做到的。虽然对能阿弥的事迹了解得并不详细，但凭这一点，我就认为他是位了不起的人物。

就这样，义政开始跟随珠光学习茶道，并为之倾倒。珠光后来在京都的六条开设草庵，据说义政专门赠予了"珠光庵主"的横匾。珠光晚年在奈良开设了名为"独炉庵"的草庵，享年八十岁。

珠光为何被称作茶汤的创始人？我猜测这种说法出自千

利休。千利休年轻时就特别尊崇珠光，不惜花重金购买所谓的"珠光名物"，在茶席中使用。看来他深入研究了珠光，并衷心敬仰这样一位伟大的茶人。因此我推测，将珠光尊崇为"茶汤创始人（即茶道开山鼻祖）"的人，应该就是千利休。《山上宗二记》中明确写着这句话。利休被看作是集茶道大成之人，而奠定茶道基础的则是珠光，在利休看来，珠光绝对是自己的前辈。

七　珠光主张的茶汤之道

那么，珠光所主张的"茶汤之道"究竟是什么呢？所谓的茶道，原本是"茶汤之道"的简称。"茶道"这个词，在日语中可以读作"sadou"，现在这样读当然也没关系。但在古代，主管茶道的负责人叫"sadou"，汉字写作"茶头"。"茶道"一词虽然也可以读作"sadou"，但容易与"茶头"这种历史性词汇混淆，所以我个人觉得，读作"tyadou"会更清楚一些。

首先，从结论开始说，珠光主张人类平等。之前的茶汤中阶级差别明显，身份高的"贵人"，与下等人（简称"下人"）之间的差别非常大，这从茶室遗迹中就能看出一二。古代茶室的入口分为"贵人门"和"窝身门①"。所谓的"贵人门",是将军、大名等身份高的人进出的地方,较为宽敞,与之相对的就是"窝身门"。"窝身门"是跟随将军的下人们膝行而入的入口。如果是下人,就算是"砰"地撞上脑袋也没关系,但不能让将军去碰脑袋,所以将军从"贵人门"进入,下人则低着头,从狗洞似的门口爬行进入。真是不平等,简直是在践踏人权,岂有此理。不过,现在日本的茶室都还设有"窝身门",似乎人们不从"窝身门"进出,就感受不到茶道的召唤,真是不可思议。在珠光之前,下人们必须从"窝身门"进出,而珠光、利休等茶师逐步消除了身份差别,让大家都从"窝身门"进出,这就是茶道之中蕴含的人类平等观。

另外,茶室的厕所也是上下有别。大家如果受邀参加茶会,会发现在庭院里有"饰雪隐"和"下腹雪隐"(一提到下腹雪隐似乎有种肮脏之感)。首先,何谓"雪隐"?从字面意思看似乎是"隐藏雪",如果打开"饰雪隐"的门,会发现里面撒着白砂,犹如白雪一般,难道是因为把雪隐藏了起来所以才叫"雪隐"吗?其实不然。我查阅了众多资料,发现古代中国有位叫雪峰和尚的僧人,因藏在厕所里拼命打扫而受到褒扬。因为是雪峰和尚

---

① 现在一般称作蹲口,标准尺寸为:高66厘米,宽63厘米。

隐藏的地方，所以叫作"雪隐"，这让我颇为惊讶。不过，词源考究并不重要，总之，茶室庭院里有"饰雪隐"，但不能随便去。第一次参加茶会的朋友，出于生理上的需求（当然这事听起来让人感觉不洁），也许会进入"饰雪隐"解决问题，那可麻烦了，我也差点犯了这样的错误。实际上这种厕所早已停止使用，现在只是起装饰作用，所以才叫"饰雪隐"。在以前，它曾是将军等贵人们使用的厕所。与之相对，拥有醒酲名称的"下腹雪隐"，原本是下人们的厕所。不过，至今依然使用，这与"窝身门"是同一个道理。因为实现了人人平等，按说大家都可以使用贵人们用过的地方，然而所有人都用起了下人们用过的地方，真是不可思议，但这就是茶道。

洗手池也是如此，既有较高的洗手池，也有较低的需要蹲下的洗手池（即蹲踞）。贵人站着洗手，下人要蹲下洗手，现在大家都平等地成了"下人"。换言之，以大家都成为下人的方式实现了人人平等，这就是茶道的"侘"。想出这种方式的人，就是珠光。

《珠光一纸目录》是珠光传授茶道的秘笈，被收录在《山上宗二记》中。所谓的"一纸目录"，是将半纸①折为四份，这就是一纸。其中只记载了传授内容的目录，即"一纸目录"。不只

---

①和纸的一种，原由整张纸切为两半后使用，后直接漉成纵为 24 至 26cm，横为 32 至 35cm 规格的普通和纸。

是茶道，花道、能乐、和歌、物语等都采用这种传授形式。目录非常简单，但传授内容采用口传的方法，就是口授。这是秘笈，绝对不能告诉其他人。师父只会传给弟子，就是所谓的"秘传"。因为内容重要，所以要秘密传授，"一纸目录"就是为了口授写的备忘录。在《珠光一纸目录》中可以发现人人平等的思想，里面写道："应对上怠慢，对下礼遇。"也就是说，接待地位高的人时要有所怠慢，接待地位低的人时要遵守礼仪。我以前曾在某个场合说过这番话，结果被人批评："岂有此理，如果让年轻人听到这种话，他们会信以为真，太危险，不可能实现。"其实并非如此，这只是针对当时社会的一种矫枉过正的说法。

在俗世中，人们一般会尊敬位高权重或德高望重之人，而所谓的德高之人，未必真正有德。"德"与"得"相通，有得之人指那些有钱或有地位的人。有德之人也好，将军也罢，世人都会重视那些条件优越之人。所谓重视，说到底就是阿谀奉承，因为只要讨好那些人，日后也许就会得到什么好处，所以招待也会郑重很多。现在当然也有这种倾向。所以，人们才会对地位低下的人冷眼相待，这就是俗世之人的弱点。为了实现平等，就需要怠慢地位高的人，礼遇地位低的人，这样正好能取得平衡。这种"人类平等的思想"年轻人应该都不会误解吧。长久以来，人与人之间存在巨大的差距，因此，为了实现平等，需要一点逆向思维，就是这个道理。

学习茶道的确非常辛苦，珠光曾说过："事事需谨慎，处处关照人。"也就是对所有的事情都要用心、留意。无论是主人还是客人，都需要互相关照。主人要顾及客人的感受，客人要考虑主人的想法，要彼此真心相待。同时还要注意细节，绝对不能只考虑自己，要尽量触及对方的内心，这就是"用心""关照"。

珠光还说过，要"真心爱洁净"。这里指的是"和敬清寂"中的"清"。爱好洁净人人都会说，比如将庭院清扫干净，保证茶室的榻榻米上没有灰尘，还要仔细查看是否落有丝线之类的东西。现在有吸尘器当然好办多了，在过去要一根根地用手指捡起。但这只是表面上的洁净，只做表面功夫远远不够，还要真心爱洁净，做到内心的清洁。这与茶道相同，无法用眼睛看到，但重点恰恰在于此。虽然不是说表面上如何无所谓，但相对于表面的清洁，内心的清洁更为重要，这样才会感受到真正的茶道。

接下来是"节制酒色"。"酒"指饮酒，"色"指"女色"，这两点必须节制。这在世阿弥关于能乐的《风姿花传书》中也有明确规定，书中写道："好色、赌博、嗜酒，此乃三重戒。……此乃古人之规训。"也就是说，这三条戒律继承了艺道之传统。在茶道领域中，同样要节制酒色。在以前的斗茶会上，斗茶结束后要摆酒宴，有些人会喝得酩酊大醉。根据历史文献记载，东山时代奈良大乘院的斗茶会之后，还会有男女混浴之事。因此珠光认为，要想真心确立茶之道，必须节制此类欲望。

另外，珠光在其他的茶道秘笈中曾写道："此道之中，最恶者乃任性与自以为是。"在古代日语中，任性写作汉字"我慢"，在现代日语中，这个词的意思已经转变为"忍耐"，不过当时是"任性"的意思。珠光强调任性与自以为是最不可取。书中还有一条："要成为心之主，勿要以心为主。"意思是要成为自己内心之师，不能反过来受内心的指引。比如自己想做一件事情，这种情况下，需要抑制内心的冲动，不能反过来被内心牵着走。

珠光的茶道理念中最为重要的一条是"宾主举止"，这在《山上宗二记》中的《珠光一纸目录》中可以看到。现代的茶道过于重视客人的举止。所谓客人的举止，指客人参加茶会时的注意事项。如果看茶道指南，会发现里面罗列了很多要求客人遵守的规矩，还有细致入微、详细全面的礼仪规则。如此繁琐的客人注意事项，任何人都无法一一记住。在实际操作中，如果完全按照这些规则去做，客人都会变成神经质。关于客人的举止，已经细致到了如此程度，而与之相比，对于主人的举止，也就是关于主人礼仪的书籍却几乎没有。究其原因，主要是所谓的"主人"都是很有成就的茶师。能够开茶会的人，要么是出类拔萃的茶道老师，要么是精通茶事的茶道爱好者，他们对主人的礼仪了如指掌，没有必要再专门著书，于是人们普遍认为，只要客人能遵守规则，一切就都可顺利进行。

但是，珠光对主客举止都进行了强调。首先写道："客人之举止，关系到一座之建立。"意思是，客人的用心，关系到在座所有人的关系的建立，即关系到茶会是否能办成。"即使寻常之茶，自入茶院起至出茶院，皆如一期一会，敬畏亭主。"意思就是说，从进入茶院那一刻起，一直到茶事结束离开茶院，都要认为这是此生唯一的一次相会，也就是"一期一会"。大家普遍认为"一期一会"是井伊大老①（宗观）的话，实际上是珠光首先提出来的。也就是说，应该将茶会作为一生唯一一次的聚会，带着一生仅此一次的心情参加。如果觉得下次还有机会，就会懈怠，应该持有"唯此一次"的认真态度去尊畏主人。

其次，是主人的举止，这也非常重要。"诚心敬客"，意思是要尽可能地尊敬客人。"茶会之常客，亦应待其如名人。"也就是说，看到客人，就要将其当作名人，这是身为主人的礼仪。如今，傲慢的主人实在太多。他们总是单方面强调客人的礼仪，却认为自己怎样都无所谓，这主要是因为他们认为自己是了不起的茶道老师。这未免有些太自以为是，这也正是茶之道现在

---

① 井伊直弼（1815－1860），日本幕府末期大老，彦根藩藩主，曾签署《日美友好通商条约》，于 1860 年在樱田门外遭暗杀，茶道名号"宗观"。

难以推行的最大原因。主人应该遵守主人的规则，首先要敬重客人，如前所述，要以人人平等的思想去敬重他人。主人总认为自己是一流的杰出茶师，客人是不成熟的初学者，因此轻视对方，这样一来就无法实现真正的茶道。"茶会之常客，亦应待其如名人。"我认为这是珠光留给我们的至理名言。

再次，是茶汤的风采，即做茶事时的风采。珠光曾说"举止动作要自然而不醒目"。自然且不引人注目，这在今天也是大家需要注意的地方。比如说在茶厅走动时要端庄、安静，不要有引人注目的举止。"与席相称，花需清新"是对茶室插花的要求，应该在茶厅摆放与之相匹配的插花，这是茶室插花的规则。另外，能乐界金春禅凤①所著的《申乐谈义》中有这样一句话："珠光所云，皎月无云令人厌。"意思是说，珠光不喜欢完全没有云雾遮挡的皓皓满月，这就是"茶味"。虽然有些牵强，我还是想借此简单说明一下"侘"与"寂"的区别。如果没有云雾只有月亮就缺乏茶味，阴云导致的朦胧状态即为"侘"，云雾间的月亮则是"寂"。

在《山上宗二记》中还有珠光说过的一句名言："草屋拴名驹，妙哉！"这句话在第二次世界大战时甚至被当作"国民座右铭"。

---

①金春禅凤（1405－约1470），日本室町中期能乐演员、能乐脚本作者。

它的意思是说，在寒酸破旧的茅草屋外拴着名贵的马匹，趣味盎然。下面的一句是："陋室配名器，此景亦雅趣！"意思是说，在简陋的草庵茶室里摆放名贵茶具，也会令人感觉很妙。这就是搭配的问题，在气派的书院建筑的豪华茶室里摆放高档茶器是理所当然的，在寒酸简陋的房子里摆放有缺口的茶碗也没什么意义，但如果反过来搭配，简陋与奢华就会相得益彰，名贵茶器会更加突出，破旧的草庵茶室也会愈发显眼。挂轴的装裱亦是如此，例如白鹭之画是在绢布上绘制成的色彩鲜艳的作品，非常漂亮，珠光特意为它选择了素雅的裱框，这就是茶道的搭配。其中蕴含着"茶味"——茶之韵味。

以前的茶人是心本位，因为曾出现过连点茶都不会的茶艺大师。即使没有像样的茶具，同样具备茶艺大师的资格。现在当然已经行不通了。比如，在京都的栗田口，有位叫善法的"侘茶人"是珠光的弟子。不要说茶具，他连茶釜都没有，只有一个用来烫酒的小锅，他用这口小锅烧水、做饭、煮茶。《山上宗二记》中写道："善法之趣在于心静，深得珠光之赞赏。"虽然没有什么像样的茶具，但内心纯洁干净，这就是刚才提到的"真心喜欢洁净"，因此他深受珠光的赞赏。这件事记载在《山上宗二记》的《茶汤者传》中。

八　珠光的茶汤改革

　　所谓的茶之道，就是以品茶为媒介将人们的心与心连结在一起。主人是人，客人也是人，彼此的媒介是茶。因此，主客平等是最关键的。人类平等，换个角度来说，就是人皆非完人。拥有万能之力的是神佛。在肯定神佛存在的基础上，茶道才得以成立，人类平等观才能产生。茶室里并没有摆放佛像，因为并非佛堂，但挂轴代替了佛像。茶室虽然不是佛堂，却充溢着宗教的气氛，与普通房间不同。身在茶室的主人和客人，既然都是人，毫无疑问就都是佛前的众生，都接受神佛的恩惠，都是平等无差别的。因此，要彼此扶持、互相帮助，主人要诚心实意地款待客人，客人也要接受主人的诚心，怀着感激之情饮茶。茶道，就存在于这类精神境界中。彻底考虑这些问题，为了实现人之道、茶之道而全面改革茶道之法的人，正是珠光。在这个意义上，珠光堪称改革者。他改造了茶室，将草庵四叠半大小的房间规定成真正的茶室，并且将之称作"数寄屋"。

　　不知各位读者是否参加过规模较大的茶会，如果身处坐有五十多人的大茶室，无论四周多么安静，总会感觉内心杂乱，无法专注于茶道。比如说，有人会一边喝茶，一边想着去银座逛街，或是去什么地方和男朋友约会。就算喝茶时脑子里想着这些事情，别人也不会知晓，但这样的内心已经脱离了茶道。无论自己心里在想什么，别人都不知道，也正因如此，才无法实现真正的专注。但如果是狭小的茶室，在促膝饮茶的同时也能实现心与心的沟通。就像聚在一起饮酒，如果在狭小的地方交杯换盏，就会感觉肝胆相照，关系亲密。茶道也是如此，故意选择狭窄的茶室并非因为偏好，而是为了实现人与人的心灵沟通。

既然茶室变小，壁龛也随之变小，茶具自然也会选择小的，茶室小院也建得与一般庭院不同。茶室演变为"数寄屋"后，附属的小庭院被称作"坪内"，通往"数寄屋"的小路叫"路次"，茶院就由这两部分构成。这种茶院也是珠光创造出来的。珠光的"数寄屋"庭院，将"坪内"和"路次"联系在一起，与以往的所谓"庭院"截然不同。之后在利休时代最终完善定形，并被称作"露地①"。

珠光还制定了"数寄屋"的装饰法则。与书院装饰相比，"数寄屋"装饰要简朴许多，壁龛小，没有高低搁板，挂轴只有一幅。挂轴的装裱也被简化，到了利休时代，演变成了"一行物②"的

---

① 日本茶道草庵式茶室的庭院，一般分为内院和外院，布置有脚踏石和花木。
② 指纵向或横向写的一行禅语，江户时代之后作为茶室壁龛的挂轴开始流行。

纸装裱，并附有"风带①"。珠光的时候虽然尚未发展到这种程度，但是已经出现了此类倾向。

珠光对茶器进行了改革，出现了著名的竹制台子，这种竹制台子流传至今。还有壁龛中挂的字画，珠光认为书法是最好的装饰，当然除了书法也会使用绘画挂轴。另外他还会使用充满闲寂之感的唐物。在珠光之前，人们推崇罕见珍奇的唐物，喜欢漂亮的、稀有的东西，比如天目茶碗中，就有油滴天目、耀变天目等。但是，这些过于显眼的东西并不适合简陋的"数寄屋"。前面提到过，珠光的"数寄屋"还在使用台子。这种"数寄屋"只有四叠半大小，因为当时尚未从正屋独立出来，所以还在使用台子。不过，这种用竹轴支撑白木板的台子，已经逐渐显示出演变为水壶架的倾向。另外，茶勺也开始使用竹制的。

流传下来的珠光所喜欢的茶器中有一部分也是利休年轻时喜好的。其中较为著名的称作"珠光名物"，共有十几种。包括园悟禅师的书法作品、前面提到过的徐熙的白鹭之画、松花的茶叶罐、珠光香炉、细口大圆底的花瓶等。更为有名的是"抛头巾肩冲②"，据说珠光留有遗言，希望后人能在自己的忌日将"挽屑"放入这个茶叶罐中，以此祭奠自己。关于"挽屑"有多种解释，

---

①从挂轴上垂下的两根细长布条或纸条。
②茶叶罐的一种，整体形状为圆形，接近罐口之处设计成稍显突出的扁平状。

在这里无疑是指茶叶屑。"珠光小茄子",是茄子形状的小茶叶罐;"珠光文琳"也是茶叶罐。"珠光茶碗"则是来自中国的劣化青瓷茶碗[①],在日语中将此类青磁[②]称作"人形手"。茶碗内侧写有"福"字,颜色是枯叶色,具有"侘"之感。这类青瓷茶碗在中国属于异类,却因为珠光的喜爱,成为了珠光名物之一,并且流传至今。"珠光合子"是专门盛放涮碗水的水罐,属于全套台子茶具之一;还有大口径的茶勺架、珠光锅(锅形的茶釜)等;再就是"开山五德"的盖托,之所以叫"开山",因为珠光是茶汤的开山鼻祖。

九　珠光流茶道的传统

从日本茶道史上看,珠光不仅是茶汤的开创者,同时也是茶汤名人,这在利休时代已成定论。要想成为茶汤名人,需要具备以下条件:首先要身兼"数寄者"及"茶汤者",还要拥有唐物,并且必须立志于此道,下定决心深入钻研。如若不具备

①指因烧造温度不够而达不到绿色的一种黄色的茶碗,是一种故意造成青瓷劣化的技法,茶碗呈黄褐色,但也属于青磁茶碗的一种。
②日本青磁茶碗分为普通青磁和珠光青瓷(劣化发黄的青瓷)两大类。

上述四个条件，在利休时代就不会被称作茶汤名人。并不是只要喜欢茶道就能成为"数寄者"，还要有艺术构思和创意，并且有坚定的信念。所谓的"茶汤者"，就是茶道老师，必须具备鉴别能力，还要擅长茶道。只有兼具"数寄者"与"茶汤者"的条件，并拥有唐物茶具的人，才有资格成为茶汤名人。珠光拥有十几种唐物，仅凭这一点就具备了成为名人的资格，而且他一直潜心钻研茶道。在利休之前，只有三人具备以上四个条件，称得上是茶艺大师，他们分别是珠光、堺城的鸟居引拙、利休的老师武野绍鸥。《山上宗二记》中有明确记载，利休之前，只有这三个人被称作古今茶汤名人。

珠光的弟子中出现了许多优秀的茶人。比如京都的村田宗珠、松本珠报、篠道耳、藤田宗理、栗田口善法、十四屋宗悟等人。村田宗珠是珠光的养子，也是珠光茶道的继承人；松本珠报的名字中用了珠光的"珠"字；篠道耳与香道的志野流有关系；藤田宗理是绍鸥的老师；栗田口善法就是之前提到的"佗茶人"；十四屋宗悟也是绍鸥的老师，京都的茶人。他拥有著名的唐物茄子，实属珍品，现收藏在五岛美术馆中，称作"宗悟茄子"。这是外形圆鼓的茄子形状的茶叶罐，比普通的茶叶罐大。无论是罐口扁平的"肩冲"茶叶罐还是茄子形状的茶叶罐，都是时代越久远体积越大，其他茶具也是如此。经常有人对此做出简单的解释，认为这是因为利休喜欢小的东西，然而事实并非如此，主要还是因为茶室变小了。茶室与茶器变小，可以理解为是茶道日本化的一种表现。而且，如前所述，日本茶道愈来愈重视精神层面，这也是茶器逐步变小的一大要因。

珠光的弟子中，还有奈良的古市澄胤、尊行院、西福院等人，其中尊行院和西福院是僧人。还有堺城的鸟居引拙、誉田屋宗宅等人，其中鸟居引拙成了下一个时代的茶道名人。也就是说，在京都、奈良、堺城等地均有珠光的弟子，因而珠光流的茶道能够一直流传到后世。

流传至今的《山上宗二记》可以说是珠光流茶道的秘笈。通过《山上宗二记》可以清楚地发现，珠光的茶道理念被代代传承，首先从珠光传到刚才提到的绍鸥的老师藤田宗理，然后到绍鸥，再到利休，最后到利休的弟子山上宗二。在天正十七年（1589年），也就是利休晚年的时候，山上宗二整理了这本秘笈。由此可以证明，日本茶道的正统流派正是珠光流派，而所谓的利休流派，追根溯源是由珠光流派发展而成，珠光流已经融入利休流之中，可以说是发展性消失。仔细调查后发现，这本秘笈的名字随着时代的变化而变化，并传到了利休的弟子古田织部手中。看来这本秘笈并非只传给一位弟子，而是传给了多位弟子。除了古田织部，还传给了利休的儿子道安，后来道安又传给了桑山宗仙、片桐石州。石州是江户前期的茶艺大师，也是石州流派的开山鼻祖，曾担任四代将军德川家纲的茶道老师。由此可以看出，珠光流派的秘笈实际上一直流传到了后世。

但我并不清楚这本秘笈是否传到了现在千家流的三大流派手中。另外，虽然《南方录》等所谓利休流派的茶道秘笈广传于世，但我总感觉多是后人的伪作。尽管尚无法对《南方录》下定论，但与《山上宗二记》比较，会发现其中存在不少来历不明之处，特别像后世的茶人随便拼凑而成，而忽视了《山上宗二记》中记载的正宗日本茶道的纯粹理念。从这个意义上说，《山上宗二记》是最为正统的茶道秘笈，包括后记在内的全书内容我都曾与确切的史料做过比较，即使从史学的角度看，它也是最为正统的茶道秘笈。

我在此贬低了《南方录》的价值，实在抱歉。《南方录》中也记载了一些有趣的故事，用现在的话来说，属于"新书版"。真正可信的茶道秘笈是传授了《珠光一纸目录》的《山上宗二记》。前面已经提到《山上宗二记》的大部分内容是讲述能阿弥的唐物鉴赏法，其中又加入了《珠光一纸目录》，后来绍鸥、利休、山上宗二又进行了增补，并且大致可以确定他们各自所增补的部分。如果纯粹从历史学的研究立场来看，没有比此书更加可信的茶道秘笈了。此书简明扼要，与之相比，后世的茶道书籍尽管内容详尽，却没有确切证据证实哪些话出自何人之口，而且缺乏最为关键的"茶道"方面的论述。关于茶道，现在大多以点茶为中心，而点茶只是一门技术。当然，茶道要从这种技术开始，但如果最后还是以技术结束，就不能称之为茶道。倘若只是所谓的茶汤，这样也未尝不可，但如果不能正统地传承珠光主张的"茶之道"并去践行，就没有称为茶道的资格。

第二章

茶道之大成

绍鸥和利休

上一章讲述了茶道建立之初两位性格迥异的茶人，分别是室町时代中期，也就是所谓东山时代的能阿弥和珠光。能阿弥属于贵族派，创建了将军的茶道形式。而珠光开创了茶之道，强调做茶事时人们内心的精神状态。本章将围绕武野绍鸥和千利休展开论述，他们生活在室町时代末期的战国时代①，堺城的武野绍鸥是珠光的徒孙，绍鸥的弟子千利休则是集日本茶道之大成者。

---

①一般以 1467 年（应仁元年）为日本战国的起始，到 1615 年德川家康发动大阪夏之阵、攻灭丰臣秀赖统一日本为止，共 148 年。

一 关于堺城

堺城是武野绍鸥和千利休的出生地。众所周知,这里是举世闻名的自治都市,也被称作自由都市。在当时那样的乱世,这里却是一片安宁平静的"世外桃源"。堺城自古以来就是海路交通的要冲,也是信徒去纪州的高野山或熊野等地参拜的必经之路,同时还是港口和游乐地,是十分繁荣的城市。不过,堺城也曾成为战乱之地,就是发生在室町初期的应永之乱:三代将军足利义满掌权时期,中国地区^①周防国^②的大名大内义弘起兵反叛,以堺城为根据地发动了战争。当时堺城蒙受了巨大损失。虽然大内义弘曾在城内修建了气派的城郭,但这里还是成了战争的发源地。

①日本地区名,位于日本本州西端,由鸟取、岛根、冈山、广岛和山口 5 县组成。
②日本旧国名,位于今山口县东南部。

之后在室町中期（也就是东山时代），又发生了应仁·文明之乱①。这场战乱以花之都——京都为战场，持续时间长达十一年，最后也波及到了堺城，两畠山氏之战就发生在这里。当时堺城的居民纷纷前往住吉②的海边避难。虽然如此，但在应仁·文明之乱前后，京都朝臣中的学者、和尚也有很多疏散到了堺城，由于这些文化人的到来，堺城逐渐变成了文化都市。后来随着足利将军势力的衰退，管领细川、畠山，以及细川的管家三好等人的势力迅速上升，出现了所谓"下克上③"的局面。

　　在细川氏的全盛期，堺城的町人④们利用这个机会开展了与中国的贸易。正如博多的町人利用大内氏开展贸易一样，堺城的町人们也与细川氏形成了良好的互助关系。从那个时候开始，堺城的政治模式实现了町人自治。负责自治的不是普通町人，而是"议奏⑤"，共有三十六人，称作"会合众"，通过"会合众"的合议制推行堺城的政治自治。在"会合众"中，最著名的是"纳

---

① 日本室町时代发生的从应仁元年（1467 年）到文明九年（1477 年）的战乱，主要是幕府三管领中的细川胜元与四职中的山名持丰（山名宗全）等守护大名的争斗。以京都为中心，后来扩展到全国。
② 日本地名，位于今大阪市的南部。
③ 指日本南北朝时期到战国时代间大名推翻将军、家臣推翻大名等社会风潮，也用来指这一时期。
④ 日本近世的社会阶层之一，主要指居住在城市中的手工艺人和商人。
⑤ 武家时代朝廷的官职名称。

屋十人众"，他们在海边拥有"纳屋"。所谓"纳屋"，是指存放海产品的类似仓库的建筑物，建好后主要用来对外租赁，这就是"纳屋贷"。用现在的话说，这些人都是小资本家。"纳屋十人众"是"会合众"的中心。

这些担任"议奏"的町人们拥有雄厚的财力，和现在的企业家一样，有不少是茶道爱好者。其中还有很多像小林一三①、五岛庆太②那样的茶人。这些人手上的财富为他们提供了关心艺术的资本，与此同时，堺城转变为文化都市也对他们产生了一定影响。由于京都一带的一流学者、艺术家大都疏散到此地，很大程度上刺激了这里的文化发展。

二　堺城的茶系

堺城的茶人中，珠光之后的名人首先要数鸟居引拙。他并非疏散到此，而原本就是堺城的富商，商号是"天王寺屋"，因此也叫"天王寺屋引拙"，《山上宗二记》中将他称作珠光之后的茶汤名人。珠光主要活跃在奈良和京都，而引拙则把珠光流

---

①小林一三（1873－1957），日本实业家，铁路和都市开发、物流经营者。
②五岛庆太（1882－1959），日本实业家，日本东京急行电铁创建人。

派带到了堺城。关于引拙的详细情况尚不知晓，只知道他是拥有"天王寺屋"商号的町人。当时有许多所谓的"某某屋"，如胭脂屋、钱屋等。江户时代有位著名商人就叫钱屋（zeniya）五兵卫，作为商号的"钱屋"在日语中读作"senya"。还有许多豪商，分别拥有"茜屋""天王寺屋""萨摩屋""能登屋"等各类商号，这些人既是实业家，又都是茶道爱好者，专心研究茶道，因此也拥有大量茶具，包括不少唐物茶器。特别是鸟居引拙，曾跟随珠光学习茶道，是在堺城推广珠光流派茶道的第一人。

史料中关于鸟居引拙的记载很少，只知道他拥有三十多种著名茶器，《山上宗二记》中提到，其中包括"楢柴肩冲""松本茄子""引拙茶碗"等。"楢柴肩冲"是有名的茶叶罐；"松本茄子"得名于珠光的弟子松本珠报，是松本所拥有的茄子形的茶叶罐；"引拙茶碗"由引拙的名字命名，据说是青磁茶碗。

引拙喜欢的茶具中，有一件被称作"引拙架"的水罐架，据说非常漂亮。武野绍鸥的带门茶橱，就是在"引拙架"的基础上改良而成的。我从未见过古时的"引拙架"，但曾有过这样一段经历。在新潟县的越后和信州的交界处，有个叫三条的地方，也就是现在的三条市——信浓川①沿岸风景秀美的城市。我以前

---

①日本最长的河流，长约 367 千米，流经长野、新潟两县大部分地区，注入日本海。

曾接受过三条市一位医生的邀请，他们家是当地望族。当时我去新潟市演讲，那位医生特意赶到新潟迎接我。医生的夫人是表千家流的茶人，所以专程邀请我去品茶。那次，他的夫人就使用了"引拙架"，虽然是仿制品，但那漂亮的水罐架还是给我留下了深刻的印象。我查阅了茶具历史，发现绍鸥的带门茶橱就是在"引拙架"的基础上改良而成，也就是说，引拙发明了带门茶橱的原型。据《山上宗二记》记载，引拙在七十岁时去世。关于他，目前只能了解到这些信息。

除了引拙，在珠光的弟子中，还有一位堺城茶道的开拓者——誉田屋宗宅。"誉田"的日语发音是"konda"。关于此人的历史记载很少，通过相关文献，只能知道他是珠光的弟子。据说他从珠光那里继承了著名的"珠光文琳"——珠光秘藏的茶叶罐，并流传到了今天。尽管不确定是否是珠光时的真品，但依然非常珍贵。

堺城还有一位资深茶人，名叫空海。当然，他并非那位弘法大师[①]，只是同名而已。这位空海茶人并非珠光流派，而是能阿弥流派，属于东山式，是适合将军的使用书院台子的茶道流派。空海最初是能阿弥的侍童，家名岛右京，据《南方录》记载，

---

① 法名空海（774－835），日本真言宗创始人，擅长书法，是"日本三笔"之一。

他从能阿弥那里学到东山流的台子茶并发明"中板①"，得到了能阿弥的认可。岛右京后来疏散到了堺城，并将法号改为"空海"。据说曾有人提醒过他，"空海"是弘法大师的法名，最好不要使用，他却回答："弘法是弘法，我是我。"由此看来，他是相当有骨气的人。也有人说他是隐士，所谓的隐士，就是远离俗世之人。

空海的弟子北向道陈是利休的老师。因此，能阿弥的茶汤先后经过了空海、北向道陈，又传给了千利休。到了利休时代，能阿弥的茶汤已经融入了珠光流派茶道的体系之中。空海的弟子北向道陈也是堺城的町人，和绍鸥大致处于同一时代，都是利休的老师，关于此人的详细情况将在下面利休的部分中讲述。总之，在武野绍鸥之前，堺城已有不少杰出的茶人。

三 绍鸥的一生

武野绍鸥原本并不出名，后来随着千利休研究的兴起，逐步查清了许多细节问题，发现利休的老师正是绍鸥，才使得绍

---

①放在茶室的客人坐席与茶具席之间的板子。

鸥声名大振。最近，他的名字被编入了高中教科书，还出现在大学的入学考试中。我认为这是好事，说明大家在学习过程中开始重视文化史了。在珠光的弟子中，有位下京①的茶人，名叫藤田宗理，武野绍鸥最初跟随宗理学习茶汤，后来又跟随同为珠光弟子的十四屋宗武、十四屋宗陈等人学习。关于师从藤田宗理一事，在《山上宗二记》中有相关记载。而师从十四屋宗武、十四屋宗陈的说法，则来自《南方录》。只要没有全盘否定《南方录》，这种说法就在一定程度上成立。说到十四屋宗武，他秘藏的"宗武茄子"，目前收藏在五岛美术馆，是非常珍贵的茶叶罐。目前尚不清楚宗武和宗陈是父子关系还是兄弟关系，只是名字中都有"十四屋"，这应该是商号名称，看来他们都是京都的町人。藤田宗理也是京都的茶人，由此可以确定绍鸥是在京都学习的茶汤。

武野绍鸥的子孙现在生活在名古屋，根据他们保存的《武野系谱》，可以知道绍鸥的出身门第。据系谱记载，绍鸥原本是若狭②守护大名武田氏的后裔。若狭的武田氏是甲斐③武田，也就是武田信玄④家族的分支。绍鸥的祖父名仲清，在应仁之乱

①地名，位于京都市区南部。京都在中世时以二条大街为界，分为上京和下京。
②日本旧国名，位于今福井县西南部。
③日本旧国名，位于今山梨县。
④日本战国时代的武将，甲斐的守护大名。

时战死。其父为信久，信久成为孤儿后曾在诸国流浪，最后将姓氏改为"武野"。之所以改为这个姓氏，因为"武田"流落到了"民间（野）"。以前做官的人流落民间叫"下野"，武田下野之后就成了"武野"。信久后来移居到堺城，在三好氏的庇护下成了皮革批发商，经营各类皮革，经过努力后积累了一定资产。这位信久的儿子叫仲村，也就是武野绍鸥。

绍鸥从小勤奋好学，曾去京都学习各种知识。他曾向当时已经式微的朝廷捐钱，被授予了因幡①长官的官位，属于"从五位下②"。绍鸥二十四岁时到京都，先是跟随当时最著名的古典文学家三条西实隆学习歌道（和歌之道）。有些文献中将绍鸥定位为连歌师，可见他确实学习过连歌。现在武野家依然保留着祖辈传下来的纪行文《绍鸥道之记》，从字迹上看，是非常古老的文字，很像绍鸥本人所写。在鉴定绍鸥的笔迹方面，目前尚未完全制定出权威的判断标准，还有很大的研究余地。我曾见过一幅挂轴，上面的字堪称绍鸥笔迹的典型代表。当时柳宗悦③先生尚在人世，我曾受邀去驹场的日本民艺馆，正好有位先生（我已忘记他是来自热海还是逗子市了）带来了一幅

①日本旧国名，位于今鸟取县东部。
②近代之前日本的等级制度中，具有"从五位下"以上的阶层被定为贵族。
③柳宗悦（1889－1961），日本著名思想家、美学家、宗教哲学家。

珍贵的挂轴。我曾将当时的照片登载在《新修茶道全集》的义献篇中，挂轴上是绍鸥写的"双六①之文"，写得非常好。我一直想以此为标准搜集各类绍鸥笔迹的照片进行研究，但目前尚未着手。大致推测应该有十多幅这样的作品，当然，其中也有不少赝品。

茶人绍鸥学习歌道之事，具有重大意义。日本的艺术大多起源于中国，品茶也是如此。要将这些舶来文化逐步转换成日本式的，需要一定的文化基础。如果日本拥有比外来文化更加古老的文化传统，外来文化就能很快日本化。反之，如果本国没有悠久的文化传统，日本化就绝对无从谈起。幸运的是，在茶汤之前日本就存在歌道，即和歌之道。众所周知，歌道历史悠久，可以追溯到《万叶集》②甚至更久远的《古事记》③和《日本书纪》④。到了镰仓时代，藤原定家⑤将和歌的创作方法发展成"歌之道"，使之变成了一种学问，并得到了丰富的理论支撑。正因为歌道艺术理论的存在，无论是能乐，还是花道、茶道，都受到这一传统艺术的影响，并成功日本化。因此，"侘""寂"

---

①又称双陆，古代博戏用具，是一种棋盘游戏。
②日本现存最古老的歌集，共 20 卷，成集于奈良末期或平安初期。
③日本最早的史书，成书于 712 年。
④日本最早的敕撰史书，成书于 720 年。
⑤藤原定家（1162－1241），镰仓前期歌人，参与编撰《新古今和歌集》。

等词语并非禅语，而是和歌语言，是从歌道中凝练而来的。我认为创造出此类词汇的人并非珠光，而是武野绍鸥，因为他本人就是位歌人。

绍鸥从三条西实隆那里听到了对藤原定家的《咏歌大概之序》的讲解，明白创作和歌最重要的就是反复练习，模仿古代和歌高手的作品进行创作。同时，单靠练习远远不够，关键是要有艺术构思，通过艺术构思迈出自己的第一步，创作出体现自己独特想法的作品。用现在的新词来说，就是指"创意"或"发明"。藤原定家特别强调，练习与构思是创作和歌时的关键。从三条西实隆那里学习到上述观点后，绍鸥意识到练习与构思不仅对创作和歌很重要，对茶道也同样重要。按照老师的传授进行练习固然必要，但更进一步创造出自己的东西同样重要，必须二者兼备。

绍鸥在三十一岁时剃度出家，从此以"绍鸥"为号。之后，他不断修行，三十二岁时拜访了奈良的松屋。松屋是一家经营漆器的批发商，那里有著名的"松屋三名物"，分别是徐熙的白鹭图、松本茶叶罐（松屋茶叶罐）和填漆长盆。据说，绍鸥看过徐熙的白鹭图后，感受到了珠光的茶道趣味，被后人传为佳话。这幅白鹭图色彩亮丽，在漂浮着绿藻的池中站立着一对白鹭，画面清晰，非常漂亮。珠光用素雅的装裱代替了此画原本华丽的装裱。因此，欣赏壁龛的挂轴，不只是要看字画，还要品味装裱与字画是否和谐。换言之，华丽的内容搭配素淡的装裱，其中便包含着珠光所谓的"茶道趣味"，这可以归入茶道中的"寂"。绍鸥感受到了这种茶道趣味。这个故事广为流传，甚至传到了利休那里，利休同样非常强调这一点。因此，后来甚至有了"不见白鹭之画非茶人"的说法，徐熙的白鹭图也成了轰动一时的唐绘。只是这幅画已经失传，难怪现今不像茶人的茶人越来越多了。

绍鸥在三十八岁时继承了家里的皮革生意，不久之后，在朋友北向道陈的介绍下，三十九岁时收了弟子田中与四郎。此人是堺城鱼店老板的儿子，也叫鱼屋与四郎，姓田中，后来改名"千与四郎"，正是后来的千利休。当时与四郎十九岁，与绍鸥正好相差二十岁。绍鸥晚年经营了京都夷堂边的大黑庵茶室，故也被称作大黑庵绍鸥。据说绍鸥在弘治元年（1555年）十月二十九日因病去世，年仅五十四岁。

关于绍鸥去世之事，有人说他是被织田信长毒杀而死。因为信长想请绍鸥去当主持茶事仪式的茶头，遭到拒绝，就将绍鸥毒杀。但这绝对是毫无根据的荒谬之说。在绍鸥去世的弘治元年，信长尚未平定尾张，而且他当时还非常年轻，根本顾不上研究茶道。目前比较清楚的是，信长是从永禄十一年（1568年）

拥立足利义绍①入京都时开始热衷茶道的。此前信长或许对茶道略有了解，但在绍鸥较为活跃的时期，他不可能热衷茶道，更何况当时他才十几岁，尾张尚未平定，他还被大家称作"傻殿下"，无法想象那时的信长会任命绍鸥为茶头。而且从地域上看，尾张和堺城的距离也很远。

还有人说，武野绍鸥曾来到关东。对于这种说法，如果不进一步细致研究《绍鸥道之记》，还无法做出明确判断。要说为什么会出现绍鸥被信长毒杀的谣言，主要是人们将绍鸥和他儿子弄混了。

绍鸥通常被称作"新五郎"，即武野新五郎，其子武野宗瓦也叫新五郎——以前有儿子直接继承父亲名号的习惯。儿子武野新五郎宗瓦的妻子来自本愿寺②，因此在信长征伐本愿寺的时候，宗瓦被怀疑与本愿寺私通，遭到信长部下的追杀，不过最后宗瓦并没有被抓住，只是当时的情况十分危险。由于父子二人的俗名都是新五郎，发生在宗瓦身上的事就被套到了绍鸥头上，这才产生了绍鸥被毒杀的谣言。当然，这个故事和茶道并没有多大关系。

---

①室町幕府第 15 代将军，在织田信长的帮助下当上将军，后企图打败信长，失败后又于 1573 年被驱逐出京都。
②本愿寺是日本佛教净土真宗本愿寺派的本山。

四 绍鸥的茶道

下面来说说绍鸥的茶道。绍鸥被看作是鸟居引拙之后的又一位茶道名人,这在《山上宗二记》中有明确记载:"绍鸥乃珠光、引拙之后的古今茶汤名人。"绍鸥最初只是个非常有钱的茶道爱好者,逐渐成了茶道专家,最后上升为茶道名人。要想成为名人,必须拥有唐物茶具。在这一点上,绍鸥绝不逊色于他人,据说他拥有六十多种著名的唐物茶具。根据《山上宗二记》的记载,其中代表性的唐物有:"虚堂墨迹",这是虚堂禅师①的真迹。赵昌②的果子图,果子就是现在所说的水果,这幅画据说非常像西式油画,不过已经失传。还有马麟的朝山图、子昂的归去来图、绍鸥香炉(即绍鸥所持的香炉)、著名的菖蒲钵水盘、曾吕利花瓶等。五岛美术馆现藏有大曾吕利花瓶,是曾吕利花瓶中型号较大的,我认为这种大型花瓶年代较为久远。尽管尚不清楚是否是绍鸥时代的东西,但普通的曾吕利花瓶外形扁平轻盈、较为滑稽,五岛美术馆的藏品却庄重大气。另外还有锥子形状与

①指智愚(1185-1269),号虚堂,中国南宋时代的禅僧。他的许多墨宝由僧人传入日本,价值连城。
②赵昌,北宋时期画家,擅画花果。

钓船形状的花瓶。钓船形状的花瓶中，"货狄花瓶"最为古老。货狄是中国传说中的人物，据说他是造船的第一人。还有前面提到过的松岛茶叶壶，奢华至极，属于东山御物。还有"上张茶釜"，提环比普通的茶釜偏上一点。绍鸥的茶釜是上张（提环在上），利休的茶釜是尻张（提环在下），这是个人喜好的差异。还有筋釜、著名的芋头水壶等。芋头水壶也深受利休喜爱，形状酷似芋头，是南洋之物。还有现在收藏在根津美术馆的"绍鸥茄子"，收藏在五岛美术馆的"圆座肩冲①"，都是绍鸥持有的唐物，利休也颇为喜欢。还有"善好茶碗"，曾经是名为大富善好的茶人的所有物，是非常著名的茶碗。另外还有"高丽火筋"，当时写作"火筋"，现代日语写作"火箸"，其实就是火筷子。虽说是火筷子，也绝不能小瞧。茶道中用的火筷子和厨房中的不同，价格不止几万日元，而是十几万日元，看来火筷子也非常了得。而且十几万的只是普通品，还有上百万的名品。

绍鸥是茶汤名人，具有出色的鉴定能力，而且能力突出，已经超越了"目利"的范畴，堪称"目明"。所谓"目利"，指的是能够看出某种茶器的由来和艺术价值，而"目明"则不仅限于茶器，还能从人类生活中所使用的一切器具，乃至自然界

---

① 茶叶罐的一种，中间圆鼓，靠近罐口处设计成扁平形状。

的森罗万象中发掘美。只有具备这样的能力，才有资格称为"目明"。绍鸥拥有这种能力，利休同样不逊于他。今天我们谈论"目明"，当然不是说我们看不清周围的世界，但绍鸥那样的茶人拥有超常的眼力，能够看到普通人无法看到的东西，能够发现普通人无法发现的美，也就是说，他能够从凡人认为平常普通的事物中发现惊人之美。

《山上宗二记》中写道："当代无数之茶具，皆出自绍鸥之'目明'。"也就是说，成千上万的茶具，都产生于绍鸥时代，包括一些此前从未见过的奇怪茶具，都是被绍鸥的明眼发现后才成了茶具。以前并非茶具的东西，很多被当成了茶具。大家在参加茶会时，总会听到一些过分拘泥于形式的人说"那不能作为茶器使用""茶器必须是这样的"等等。当然这样固守陈规也未尝不可，但我认为，大家应该把眼光放得开阔一些，能从以前未作为茶器使用的东西中发现茶之美，并将之作为茶器使用。绍鸥和利休都做到了这一点，也就是所谓的"目明"，正因为如此，他们才被称作茶道的集大成者。下面我列举一些靠绍鸥的"目明"发现的茶器，这些茶器此前从未在茶事中使用过。

比如定家色纸，即藤原定家用过的色纸①。定家是编撰《新

①厚片方纸笺，用来绘画或书写和歌、俳句、书法等。

古今和歌集》的歌人。在绍鸥之前，这类歌人的色纸不能挂在茶室壁龛中。首先，虽然尚无充分的证据，但据说珠光曾说过，不能在壁龛中挂和歌之类的东西。为什么不能在壁龛中悬挂和歌呢？珠光是开创茶道之人，较为保守，他曾批判日本的和歌中恋歌过多。众所周知，《百人一首》①中几乎都是恋歌。珠光认为绝对不能将这样的恋歌挂在茶室的壁龛中，否则会乱性，这就是对"好色"的否定。在珠光时代，此乃三大戒律之一，所谓的三大戒律，分别指"戒赌博""戒贪食""戒好色"，其实属于佛教的思想。珠光的想法证明了当时的茶道尚未真正日本化。到了绍鸥的时代，茶道逐渐日本化，也灵活了许多。因为绍鸥是歌人，他没有否定恋歌，还将和歌挂在壁龛中。这看似无视了师父珠光的教诲，但也正是绍鸥的伟大之处。他悬挂定家的色纸，改进了师父的保守作风。《百人一首》中的《八重葎之歌》就是被绍鸥的慧眼发现的，成为了第一首挂在茶室壁龛中的和歌。到了现在，这种做法已经很普遍了。

信乐的水壶也是其中之一。信乐是近江南部的地名，那里盛产民间陶器，生产的杂器中有一种无釉壶，也就是后来被用作茶器的信乐水壶。另外，那里还模仿天目茶碗的形状烧制了

---

①选取一百位歌人，每人各选一首和歌编撰成歌集。这里指藤原定家编撰的《小仓百人一首》。

日本式的天目茶碗,称作"濑户烧天目",也叫"绍鸥大目"或"濑户白天目"。天目茶碗原本是产自中国的唐物茶碗,通常在献茶式中放在台子上,"耀变天目"及"油滴天目"非常鲜艳漂亮。"绍鸥天目"则是在濑户烧制的,虽然名字叫"白天目",却带有一些青色。此物流传至今。

我曾在某研究所的调查室桌子上偶然见过绍鸥天目,在这种地方看到如此名贵的东西实在危险,如果不小心被人知道就麻烦大了,所以拜托大家替我保密,因为绍鸥天目是非常重要的文化遗产。即使在茶席的榻榻米上,如果看到绍鸥天目,也应该后退一步,肘部着地,拿出小绸巾,将其放在绸巾上,行礼之后方可拜见。如果猛然一看,会发现绍鸥天目并不漂亮,因为它们已相当陈旧,但非常贵重。总之,绍鸥天目的出现,说明天目茶碗已经完全实现了日本化,因此具有很高的历史价值。

再就是绍鸥茶勺,据说这是羽渊之作。后来利休曾主张茶勺之类的东西应亲自制作招待客人。即使如此,还是有甫竹[①]、庆首座[②]等人专门从事茶勺制作。现在羽渊的子孙还在,羽渊家的家谱送到我的手上时,着实让我大吃一惊,原来我自己竟然是羽渊的后代。还有一位叫窗栖的茶人,曾居住在奈良春日山

①江户前期的茶勺师。
②织田信长、丰田秀吉时代的僧人、茶人。

的山脚下。窗栖是纯粹的"侘茶人"，绍鸥去拜访他时，他本以为绍鸥会只身前往，于是为自己和客人买了两个包子。可是绍鸥意外地带了另一位客人，于是窗栖将一个包子分为两半给了两位客人，自己吃了另一个。据说这位窗栖是制作茶勺的名人，因此有人说绍鸥的茶勺就是窗栖削制的。就像利休与山科别宽①关系密切一样，绍鸥与这种另类茶人也有往来，并通过与"侘茶人"的交往提高自身的修养。

　　还有一种茶具叫"备前面桶"。"备前"是指备前炻器②，"面桶"是金属片制成的餐具。它原本是唐物，后来人们模仿它的外形烧制了备前炻器，这就是备前面桶。还有"棒先水翻③"。所谓"棒先"，是轿夫抬的轿杠两端贴的薄铁，原本是镶嵌在轿杠上的，但也会有脱落遗失的情况。竟然会用它来做水罐，真是了不起，这就是绍鸥的发现。所以茶人平日不可漫不经心，只要注意观察，也许就会在某处发现能够成为绝妙茶器的物品。而是否有能力发现，就成了区别"目明"与"目暗"的决定性因素。所以，在举办茶会之前，最好仔细察看走廊下的每个角落等地。著名茶具"阿弥陀堂釜"原本是放置在有马温泉山的

────────────────

①安土桃山时代的茶人。
②日本冈山县备前地区生产的炻器，无釉，有日用杂品、茶具、装饰品等。
③用薄金属制成的水罐，在茶事中用来盛放涮洗茶碗后的水。

阿弥陀堂①走廊下的烧水锅，被利休发现后变成了茶釜，这都是"目明"的例子。

另外，铁制细锁链、竹藤炭筐等都是绍鸥的创意。绍鸥喜欢用竹藤炭筐，利休喜欢用葫芦炭筐。还有竹制的吊钩。吊钩原本由铁链制成，而绍鸥用竹子代替。关于竹制吊钩的发明人，有人认为是绍鸥，有人认为是利休。长久以来，确实存在这样一种倾向，就是什么东西都想与利休扯上关系。因为绍鸥没有什么名气，所以就连绍鸥发明的茶器，也都归功于利休。利休的儿子道安或少庵发明的茶器，也统统归到了利休头上。但是，如果仔细研究就会发现，利休不可能发明这么多茶器，其中相当一部分创意来自他的老师——绍鸥。二十多年前我撰写博士论文《日本茶道史》的时候，曾对绍鸥进行过研究，结果发现，此前被认定是利休的功绩的，实际上大多是绍鸥完成的。由此可以确定，绍鸥是位了不起的茶人。自古以来人们一直推崇利休，总想将自己喜爱的茶器和利休联系起来，但其中包含着大量绍鸥的创意。随着历史研究的进一步深入，我越发深刻地体会到，绍鸥之所以了不起，并不只是因为他是利休的老师，更因为他是一位培养出利休这样的学生的伟大茶人。

---

① 指供奉阿弥陀佛，并画有极乐净土的寺院。日本平安时代相继在各地修建。

"钓瓶水指①"就是其中一个例子。这是一种方盒形状的盛水容器，目前也收藏在五岛美术馆，我记得曾在展览会上陈列过。这种杉木材质的盛水容器，如果放着不用就会干裂，不能再用了。尽管这样说比较失礼，但我认为，如果只作为艺术品陈列在那里，并不合适。当然，事到如今也没有什么办法了。这种方形水桶是从水井里打清水时用的，绍鸥发现了水桶被水湿透时的动感之美，于是将装满水的水桶，放到了夏季的茶席上。"钓瓶水指"虽然也被认为是利休的发明，但其实绍鸥早已使用了。另外，竹制的锅盖架也是如此。现在一提到锅盖架，大家就想到是竹制的，其实以前有各种材质，比如金属的、陶瓷的……所谓"七式锅盖架"就是指这些。现在的锅盖架几乎都是竹制的，这种变化始于绍鸥。据《南方录》记载，绍鸥曾在水屋②使用竹制锅盖架，不过并未在茶席中使用，后来利休将其带入茶室，这是较为准确的记载。除此之外，还有上一章提到的绍鸥"带门茶橱"、原产奈良的"土风炉③"、"绍鸥枣（枣形的茶叶罐，比"利休枣"大许多)"、"曲面桶④"等。

①"钓瓶"指从水井中打水时用的吊桶，"水指"是茶道中盛水的器具。
②茶室一旁专门用来整理或清洗茶具的屋子。
③陶制的茶炉。
④圆木桶。是将木制薄板弯成圆形或椭圆形，再装上底板的容器。在茶道中用来装洗涮茶具后的水。

可以这样说，引拙的茶道风格基本上与珠光相近，而到了绍鸥时代则发生了巨大变化。绍鸥是位伟大的改革家，所以他才被称作"茶道之中兴"。关于绍鸥有许多有趣的故事，从中也能看出他是一位非常坚持原则的人。据说在某次晚间茶会上，他坚持不用花，因为他不喜欢出现花影，估计是因为晚上有月光的缘故。还有，在某个下雪天，他在插花用的水盘里倒满了水，因为水能映照出雪景，他认为这样就没有必要再插花了。由此我也想起自己经历过的一次难忘体验，那是我受邀参加信州某茶会时的事情，恰逢一所女子高中在举办野外茶事。当时，那里的茶道老师负责指导茶道部的学生们，我注意到，尽管旁边盛开着艳丽夺目的杜鹃花，他们却又特意准备了插花。如果按照绍鸥的原则，那些插花完全没有必要。他们太拘泥于形式，旁边难得开着美丽的杜鹃花，却专门去插花，完全是画蛇添足。因此，如果将古代伟大茶人的教诲灵活应用在现代，反而能意外地从茶会中轻松获得乐趣。

我认为茶道实际上并没有那么复杂。之所以觉得复杂，是因为过于在乎形式。即使是茶道老师，只要仔细思考，也会发现自己做了许多毫无意义的奇怪事情。恕我直言，我认为存在太多完全没必要的事情，我希望能够在现代生活中省略那些没有意义的形式。关于这一点，我想再次仔细体味绍鸥和利休的教导。另外，关于饮茶方法，绍鸥曾说过："应咀嚼般小口饮用，大口饮用不知其味。"意思是说，饮茶（当然指抹茶）应该静静地，像一口一口咀嚼似的饮用，如果大口喝下去就无法感受到茶的滋味，但最后要一饮而尽，以免留下残渣。这种方式持续至今。绍鸥还说过："如若茶不凉，甘愿一日饮。"这在战国时代永禄七年（1564年）的古茶书《分类草人木》中有明确记载。绍鸥在此还是强调应该慢饮，如果能保持茶一直不凉，甚至可以用一整天的时间来饮用。像我这样的人，受邀参加茶会时总是匆匆忙忙的，担心喝得太慢会遭人耻笑，不由得赶快喝完。要是绍鸥老师还在，恐怕我就要受到批评了。

《山上宗二记》中还记载了绍鸥对弟子们说过的话："虽说六十定命，然壮年仅二十载，唯不断潜心茶道，方可擅长此道，如若缺乏恒心，必将不善此道。"意思是说，虽然人能活六十年，但身强力壮的时间只有二十年，所以必须彻底投身茶道之中，片刻都不能松懈。要想提升茶道，决心最为重要，如果缺乏学艺的决心，任何人都学不好。《山上宗二记》中把"潜心钻研"作为成就茶道名人的条件之一。绍鸥不愧是茶道名人，常年致力于茶道，心无旁骛，在此道上坚持不懈。"人生六十年，鼎盛二十年"告诫我们，无论做什么事，关键都是要有努力的决心。现在有人会说，随着医学的进步，已是"人生七十年"了，所以不必着急，结果到头来只会荒废人生。我认为不懈努力才是最关键的。古人常说"醉生梦死"，我想单纯延长寿命毫无意义，真正的人生与生存价值存在于"鼎盛二十年"之中。只要考虑到这一点，年轻人应该就不会虚度时日了。另外，绍鸥在这段话的最后强调"然须用心书籍"，说到底，人生还是需要钻研学问。茶道并非只是单纯的点茶，茶人要加倍努力学习。用以前的话来说就是要多读书，在当今，则是要扩大知识面。绍鸥提醒我们，一定要广泛学习各种知识。这些都是《山上宗二记》中的至理名言。

其他比较有名的还有《绍鸥佗文》，由于原文已经失传，所以无法断定是否可信。但是文章中对"佗"的解释通俗易懂，文章中说："古人曾在和歌中对'佗'进行过各种吟诵，今人将真诚、谨慎、不奢华称为'佗'。"这句话包含着举办茶会的主人和参加茶会的客人的规矩。真心诚意、谦虚谨慎、不求奢华、谦逊平和，这就是"佗"，并通过多种形式得以体现。比如说"佗"茶器，并非单纯的寒酸趣味，而是在制作过程中包含着上述谦逊的"佗"之心。只要看到这类茶器，就能感受到主人的谦逊之心。绍鸥还曾说："一年之中，十月为佗。"这里所说的十月，用现在的公历说应该是十一月，也就是晚秋。在藤原定家的和歌中也有相关吟诵："世间无虚言，十月染秋雨。"绍鸥对此很是钦佩，感到"不愧为定家，心言皆莫及"。这就是著名的《绍鸥侘文》。

五　绍鸥的弟子

绍鸥有许多优秀的弟子。首先是绍鸥的儿子武野宗瓦，但被誉为绍鸥第一弟子的人是辻玄哉，只是此人到了利休时代名声渐差，在《山上宗二记》中很少被提及。不过，现在兴盛于名古屋的茶道流派松尾流的始祖，就是这位辻玄哉。绍鸥还有一位弟子叫山本道勺。绍鸥的弟子大多是出身堺城的茶道爱好者，如津田宗达、宗达之子津田宗及（著名的《津田宗及茶汤日记》的作者）、今井宗久、椋宗理、千宗易（即利休）等人。另外，绍鸥的弟子中还有一些是爱好茶道的大名，其中三好氏居多，如三好宗三、三好实休、三好笑岩、三好钓竿斋等。

三好家的家仆松永弹正久秀[①]，也是绍鸥的弟子。据说久秀是以下犯上谋反叛逆之人，杀死了足利十三代将军义辉，后来投靠到信长旗下，又发动叛变，最后死于非命。久秀曾秘密

①松永弹正久秀（1510－1577），日本战国时代大和国大名。

收藏了"平蜘蛛茶釜"。在大和的信贵山①被攻陷前，包围了信贵山的织田信长曾传话给他："反正你也要死，就把天下名器平蜘蛛茶釜交出来吧。"然而，久秀断然拒绝，说绝不会交出"平蜘蛛茶釜"和自己的白发人头。久秀用锁链将茶釜绑在脖子上，切腹后点燃了炸药，将头颅与茶釜炸得粉碎。这确实是一位了不起的茶道爱好者。所谓的"平蜘蛛茶釜"，比普通的扁平茶釜更扁，就像蜘蛛紧紧贴在地上吸吮东西一样，因此被命名为平蜘蛛。这类造型奇特的茶釜到了利休时代已不再流行，因为利休不喜欢它们。但在利休之前，人们很喜欢这类怪异茶釜，其中也包括绍鸥，比如他喜欢的猿茶釜、条纹茶釜等，样子都很奇特。

六　利休的发展

绍鸥之后的茶道名人就是千利休。千利休的大致情况大家都已经知道了，在此不再详述。不过，有人说利休的先祖是朝鲜人，这未免过于荒谬，还是由表千家的家元代代相传的家谱

---

①位于日本奈良县西北部，生驹山地南部，海拔437米。

较为可靠。利休的孙子叫千宗旦，其子千宗左当上了纪州德川家的茶头，不久之后德川家命令他编制千家系谱，于是千宗左编撰了《千家系谱》与《千利休的来历》，这是宽永（1624－1643）末年的事情。当时三代将军家光为了巩固江户幕府的基础，令人将天下大名的系谱全部收集起来，编制了《宽永诸家系谱传》，这就是最古老的大名系谱。为了编纂《宽永诸家系谱传》，不只是大名的系谱，甚至收集了各藩的武士、茶头、医生、座头①、天文方②、相扑力士的系谱。纪州藩的茶头千宗左负责编写的就是千家系谱。因此，我认为这是完全可信的。

据系谱记载，利休的先祖为里见源氏，姓田中。其父与兵卫在堺城的今市町经营鱼店，据说是豪商之一。因为是卖鱼，最初可能要挑着扁担四处兜售，后来生意越做越大，成了豪商，就专门经营鱼类批发。关于千利休的"千"字，来历尚不清楚，但他的祖父叫田中千阿弥，据说是从千阿弥中取了"千"字。这些都没有确切的依据，只是在《千利休的来历》中有这样的记载。

这位田中与兵卫的长男名叫与四郎，又名千宗易，就是后来的利休。在解释利休的茶道体系时，需要综合《南方录》和《山

①以弹唱、针灸、按摩等为职业的盲人。
②江户幕府的官职，主要负责天文观测、制定历法、测量以及翻译外文书籍等。

上宗二记》中的两种说法。据说与四郎最初跟随北向道陈学习东山流派的书院台子，但后来道陈说，已经无所传授，为了让与四郎学习更加深奥的茶道，道陈为他介绍了第二任老师——武野绍鸥。成为绍鸥的弟子后，与四郎下定决心削发为僧，并改称宗易，由此可以看出他拜师学艺的诚心。

在绍鸥死后，堺城主要有三大茶人，分别是今井宗久、津田宗及，以及千宗易。他们得到织田信长的赏识，成为了茶头。信长平定近畿地区之时，出于政治上的考虑要利用堺城的"合众会"，于是便主动结交堺城的茶人。虽然还有许多其他茶人，但这三人成了信长的茶头，信长死于本能寺之变后，他们又成了丰臣秀吉的茶头。

到了秀吉时代，利休已经超越了比他资格更老的今井宗久和津田宗及，成了茶头之首，深得秀吉宠爱。关于其中的经纬，还有一段有趣的故事，尽管不知是否真实发生过。传说利休和今井宗久一起在秀吉面前表演巡回点茶。宗久比利休年长六七岁，同样是富商，他一直严守从绍鸥那里学到的传统的台子点茶。利休则不同，特别是步入老年后，他彻底贯彻了草庵的"侘"茶事，认为台子是"数寄屋"中无用之装饰，据说即使有弟子请求他教授台子点茶，他也会拒绝。对利休的这种做法，今井宗久一直持批评态度。在信长时代，二人的对立还不太尖锐，但本能寺之变后，信长倒台，进入了秀吉时代，世道发生了巨大的变化，而最早成功讨好秀吉的就是利休。大家应该都知道山崎战役①，在这场战役中，秀吉打败了发动本能寺之变的明智光秀。山崎战役后不久，利休就在山崎的妙喜庵建造了二叠台目②的茶室"待庵"，通过这些举动，他很快得到了秀吉的认可。

　　不久之后，秀吉命令今井宗久和千利休表演台子巡回点茶，具体地点不太清楚，我猜测应该是在妙喜庵或大阪城一带。所谓的巡回点茶，就是按照顺序依次以台子点茶的方式献茶。据说秀吉命令他们展示古流最正统的台子点茶，这对今井宗久来说不在话下，利休却基本都忘记了，只好到绍鸥的弟子辻玄哉那里学习。终于到了双方一较高下的那一天。最先由利休展示，他选择了非常简单的简略模式，能完全避免出错。他流畅自如地完成了点茶，没人看得出是"现学现卖"。这使得在一旁观看的今井宗久大为吃惊，在上座观看的秀吉也极为惊讶："我在信长公在世时见过台子点茶，不是这样的，你的点茶方式是骗人的吧。"利休满不在乎地回答："古流太为繁琐，故而简略。"这让秀吉无言以对。

---

① 1582 年，得知明智光秀发动本能寺之变，织田信长自杀，羽柴秀吉（即后来的丰臣秀吉）带兵赶到山城国山崎，一举歼灭了明智光秀。
②台目是茶道专用量词，一台目相当于四分之三叠，二叠台目即二又四分之三叠。

我猜测，听到上述问答的今井宗久内心肯定无法平静。很快轮到宗久，因为刚刚目睹了利休那意想不到的点茶方式，他的头脑陷入了一片混乱。本来是早已熟练的技巧，在平日都能顺利完成，偏偏那天宗久的手开始发抖，真是可怕。当他用勺子从茶釜舀出热水，准备倒入天目茶碗之时，"吧嗒"一声，一滴水洒落在了茶碗的边缘。对宗久来说，这是完全出乎意料的失误。由于精神上的动摇，他的操作开始混乱，最终决定了胜负。不知道秀吉对这一结果发表了怎样的言论，但此事引起了大家的广泛议论，导致今井宗久的弟子骤然减少，真是薄情寡义！仅仅因为一滴水，原本师从宗久学习茶道的人都转投到了利休门下。这与近来影视演员的情况完全一样，看来靠人气吃饭的职业真的不容易。不过，影视演员无论犯多少次错，都无关性命，而以前的演员和茶道老师，稍有不慎就会遭到大肆辱骂，严重者还会被砍头。从这一点上说，利休在沉着冷静方面要高出宗久许多。

　　总之，我很同情战国时代的茶人，他们确实不易，特别是做当权者的茶头，更不是一般的辛苦。上面这段小故事非常有趣，最近我把它写成了小说，估计不久就会在某本杂志上发表，不过，其中夹杂了一些比较通俗的话题，大家如果不读，我反而不用害羞了。所谓的小说，如果不加上一些风趣的话题，读者就会感觉无聊。如果全都是死板的正经内容，就无法成为小说，还是要加入一些虚构情节。刚才讲的巡回点茶的故事，如果改编成小说，会非常有趣。不过，因为是茶道相关的小说，内容可能不好理解。特别是宗久点茶顺序出现混乱的部分，如果是不懂茶道的人，就不可能写好。幸亏我此前模仿"台子点茶"做过茶事，好歹算是糊弄过去了。因为这类小说以前从未出现过，所以我才下决心尝试。

七　利休的权势

　　天正十三年十月七日，皇宫中举办了前所未有的茶会，关白①丰臣秀吉向当时的正亲町天皇献茶。当时，秀吉从大阪城运来了他引以为豪的黄金茶室，在皇宫的小御所举办了茶会。所谓的黄金茶室，是三叠的日式房间，原本在大阪城的本丸，可以拆卸搬运，到达目的地后再组装，非常方便。据说丰臣秀吉在出兵朝鲜时，还曾将黄金茶室运到了肥前②的名护屋城③。这

①日本古代官职名称，辅佐天皇处理政务的最高职务，始设于平安时代，王政复古时被废除。
②日本旧国名，位于今佐贺县和长崎县。
③日本入侵朝鲜的文禄、庆长战役中，丰臣秀吉的大本营所在之城，遗址在今佐贺县东松浦郡镇西町。

座茶室由黄金打造而成。秀吉在宫中举办了金光闪闪的茶会，而负责辅佐工作的就是千宗易。不过，因为庶民没有资格进宫，千宗易便被赐予了"利休居士"的称号。相传"利休"这个称号是大德寺的古溪和尚所选，以御赐的形式赐予了千宗易。

从此以后，千宗易便有了别号"利休"。最初这只是在皇宫举办茶会时用的居士名号，但后来大家普遍称呼宗易为"利休"，并将他看作是天下第一的茶人。秀吉喜欢茶道，每次举办茶会，一定会听取利休的意见。据说著名的北野大茶会①就是在丰臣秀吉、津田宗及、利休三人的商议下举办的。这场大茶会堪称大众茶会，实际上是将当时已出现的茶室、茶事、茶会等所有形式进行了综合展示，同时进行了书院台子、数寄屋、茶屋、野外等四种点茶。可以说，北野大茶会综合了各种类型的茶事和茶会，相互之间又分别独立进行。这是一场具有供奉意义的茶会。

北野天满宫里供奉着菅原道真，他被尊为学艺之神。所以，北野大茶会也是一场供奉学艺之神的茶会，要在神前斋戒祈祷。当时是秀吉、宗及和利休三人进行了祈祷。虽说现在人们也经常会斋戒祈祷，但并不会彻夜进行，以前则要彻夜守在神灵前祈祷，这与在奥林匹斯山进行神前祈祷的奥林匹克精神相似。

①天正十五年十月一日（1587年11月1日），丰臣秀吉在京都北野天满宫内举办的大规模茶会。

以前，无论是和歌会、连歌会还是能乐会，都以供奉的形式举行，目的是为了向神灵祈祷技艺的进步。这场北野大茶会也是法乐①茶会。因此，如果只从政治角度来解释，就是外行人的看法。茶会在天正十五年的十月一日召开，原本计划持续十天，但由于肥后②发生了动乱，一天之后便终止了。

《山上宗二记》里记载秀吉共有八位茶头，即"御茶头八人众"，其中以利休为首。据《太阁记》记载，利休和宗久、宗及一样，都能得到三千石的俸禄。作为一名町人，一名茶道老师，竟然能得到三千石的俸禄，这在日本历史上也是前无古人后无来者的。即使到了江户时代，最高也不过八百石，通常是五百石左右。利休的弟子古田织部有三万五千石的俸禄，那是因为他不只是茶道老师，还是大名。小堀远州有一万两千石的俸禄，因为他是负责土木建筑的官员，片桐石州也是类似的小大名。他们能领取上万石的俸禄，并非因为担任茶头，而是因为他们是大名，即所谓的"大名茶人"。古田织部、小堀远州、片桐石州三人分别是二代将军秀忠、三代将军家光、四代将军家纲的茶道老师。普通町人出身的茶头能得到三千石的俸禄，实在非同一般。

到了江户时代，茶道老师的待遇每况愈下。幕府末期各藩

---

①佛教用语，指通过诵经奏乐等形式供奉神佛。
②日本旧国名，位于今熊本县。

的茶道老师只能领到五十石甚至十石的俸禄，待遇差了许多。究其原因，当然也有个人水平下降的因素。不过，到了江户时代，社会趋于稳定，德川幕府建立了封建社会，士农工商的身份等级制度也最终确立，这使得町人出身的茶道老师的地位骤然下降。当时儒教取代了茶道，势头大涨。利休不仅是茶道老师，同时也担任丰臣秀吉的外交和政治顾问。但到了江户时代，担任德川氏政治顾问的变成了林罗山①那样的儒家。这样一来，茶道老师就成了单纯的茶道技艺者，被称作"茶道方"，只负责教授点茶方法及相关礼仪，不再被允许插手政治、进行精神指引或干预外交。因此，茶道老师的地位越来越低。从这个意义上说，利休作为町人出身的茶道老师，可以说是最后的伟人。我认为，令他切腹的主要原因就在于此。

丰臣秀吉平定全国后，马上开始着手确立社会新秩序，这就是士农工商的身份等级制度。这项身份制度在江户初期三代将军德川家光的时候最终确立，但在秀吉平定天下之时，人们的身份差别已经开始出现。首先，秀吉分化了"士"与"农"，这主要依靠颁布《刀狩令》②。在此之前，武士与农民几乎没

---

① 林罗山（1583－1657），日本江户初期的儒学家，奠定了幕府文教制度的基础。
② 1588 年丰臣秀吉颁布的禁止农民持有武器并没收武器的命令，实际上是为了防止农民起义的发生，加强对庶民的统治。

有区别，正因为如此，出身尾张农民家庭的秀吉才能成为武将，最后还当上了关白太政大臣。在那个时代，农民可以佩刀，也就是说农民可以持有武器。所以，一旦发生战争，农民就能够发挥和武士同样的作用。但通过实施《刀狩令》，农民的武器被全部没收，从那以后，农民只负责耕田，武士才有资格佩刀，这就是"士农分离"。而所谓的"工"与"商"，指的就是町人。

为了分化町人与农民，首先要拆毁大名领国内的多余城池，只保留大名的居城，并在城周围建立町，这就是"城下町"。农村地区只保留农民，将"工"和"商"全部集中到城下町。这既能促进城市的发展，同时也能实现"町农分离"。除了形成城下町，还出现了寺院町，将僧侣们从山寺迁移至此，这可以说是"僧农分离"。在此之前，和大名的城池一样，寺院也拥有僧兵，白河法皇①、平清盛、织田信长都对此束手无策。僧兵与农民一旦联手，就会出现一向起义②。于是秀吉收缴了僧人手上的武器，这就是"寺院禁刀"。通过这些举措，农民、町人、僧侣的武器全部被没收，手上有刀的只剩下武士。垄断了武器的大名，以自己居住的城池为中心，可以威慑整个领地。另外，由于没

---

①白河法皇（1053－1129），又称白河天皇，日本第七十二代天皇，1072年即位，1086年让位于崛河天皇。1096年出家，改称白河法皇。
②指15到16世纪佛教净土真宗（一向宗）的僧侣和农民信徒发起的一系列起义。

有了武器，町人只能做生意，僧人只能念经，农民只能拿着铁锹耕田，这样就不用担心有人起义。这项政策的目的就是为了消除战乱的根源。所以，江户时代的农民起义都是以竹枪为武器，成不了气候。

在这种身份等级制度即将确立之际，利休的身份成了问题。他是堺城的町人，身为一介町人，他拥有的权力太大了。作为天下第一的茶道宗匠，利休甚至插手丰臣秀吉的政治事务，还会干预外交。比如，在征讨九州之时，他按照秀吉的意思给岛津义久①的家老②伊集院忠栋写过一封信，信中警告对方："据关白所言，从关东到奥羽业已全部平定。故而，九州应中止岛津与大友③的战争，如若不停止战争，可谓后患无穷，望请深思熟虑。"信中所说的"从关东到奥羽业已全部平定"当然是谎话。这也许是受了秀吉的秘密指示，但从利休所做的事情可以看出，他的地位已与石田三成④、细川幽斋⑤等人不相上下。

利休在大阪城的权势实在了得。征讨九州之前，一直受岛

---

①岛津义久（1533－1611），日本战国时代武将，几乎平定了九州全境，后于1587年投降丰臣秀吉。
②指大名家中统管藩政的重臣。
③指大友宗麟（1530－1587），日本战国时代信奉天主教的大名。
④石田三成（1560－1600），日本战国时代武将，受宠于丰臣秀吉，"五奉行"之首。
⑤细川幽斋（1534－1610），日本战国时代武将，曾先后辅佐织田信长、丰臣秀吉、德川家康。亦为著名歌人，被视为近世歌学的始祖。

津欺压的大友宗麟来到大阪控诉，秀吉领着他参观大阪城，并曾登上天守阁的阁顶。之后大友给留在领地丰后①的家老寄了一封长信，信中说，大阪城内能够与关白秀吉随意谈话的人只有千宗易。从这句话中可以看出，利休拥有多大的权力。当时的大名唯恐因说错话而惹祸上身，因此都三缄其口，唯独利休敢和秀吉随意交谈，实在厉害。身为一介町人，一位茶道老师，利休见识非凡，肯定是凭借实力折服了关白秀吉。

大友宗麟还曾说过："大阪城内部之事，宗易无所不知。外部之事，关白秀吉公之弟——羽柴秀长把持大权。"因此他提醒手下，对这两人绝不可怠慢。大友宗麟因为参观了大阪城，亲眼目睹了羽柴秀长和利休的权势，他说的话应该没错（尽管这与后世编造的故事不同）。

由此可以得知，在天正十四年（1586年），利休在大阪城内拥有很大的权力。根据大友宗麟的信件可以推测，当时天下的大名都受到了关白秀吉的茶头，也就是利休的掌控。如果大名有对秀吉难以开口之事，都通过利休来呈报，因为这些大名同时也是利休的茶道弟子。

---

①日本旧国名，今大分县的大部分。

八　利休的死因

在这里，我想讨论一下秀吉与利休的关系，也就是利休如何依仗权势与秀吉对抗的问题。或许大家也听说过一些比较夸张的说法，但我认为对抗程度绝非世上传说的那么严重，利休似乎做出了很大妥协。当然，对于服侍在权势者左右的人来说，这也是理所当然的事情。从《宗湛日记》来看，利休曾说过秀吉讨厌黑色茶碗。所谓黑色茶碗，就是指利休命令长次郎①烧制的"今烧②"黑茶碗，也就是乐烧黑茶碗。秀吉不喜欢黑色茶碗，因为他比较喜欢颜色艳丽的东西。利休只好让步，又令人烧制了红色茶碗，"赤乐茶碗"就是利休妥协的证据。

关于此事，利休曾给秀吉的弟弟羽柴秀长写过一封信，这封信现在保存在里千家的铃木宗保手中。我曾有幸拜读，信中的内容非常有价值。由于秀吉讨厌黑色茶碗，于是利休便令人烧制了红色茶碗，相关史料证明，应该是长次郎烧制的。这就是利休做出的妥协。要说红色和黑色有何区别，《宗湛日记》中记载着利休说过的话："黑乃古心，红乃杂心。"意思是说，黑色

---

① 长次郎（1516－1592），日本室町末期至桃山初期的京都陶匠，乐烧陶艺的创始人，曾在利休的指导下烧制独具"侘"风情的茶碗。
② 与古代烧制品相对，意思是现在烧制的东西。

代表古雅之心，红色代表杂念之心。对此我深有同感，若是看到红色的东西，我们平凡人的确会心绪骚动，因为会被美丽的东西吸引，这就是杂心。与之相比，黑色是古心，能让人内心平静。正因如此，利休才喜欢与茶道相符的黑色茶碗，而他之所以令人烧制红色茶碗，就是在向秀吉妥协。只是妥协是有限度的，该坚持的地方他还是会坚持。

比如，秀吉的外甥羽柴秀次的家老木村常陆介。这位常陆介，或许是因为临时决定要来，在参加利休的茶会时迟到了。其他的客人都是堺城的町人，地位并不显赫。现在的茶会似乎存在一种风气，一旦有地位高的人到场，即使迟到也会临时将其安排到主座上。一旦社会名流或公司社长到场，茶会的样子就会骤然改变。将原定为主座的客人赶到一边，然后将迟到的名流让上主座。但利休绝不会这样做。木村常陆介虽然贵为秀次的家老，因为是突然来访，而且迟到了，利休就让他坐在了末席。常陆介也无可奈何，只好坐在末席上饮茶。利休在这些方面绝不会退让，非常有骨气。他在茶道方面彻底坚持自己的原则与信念，认为茶会的秩序理应如此，不能有丝毫妥协。

但是，利休本是堺城的町人，于是问题出现了。天下平定，士农工商身份等级制度确立后，町人就要有町人的样子。按照新的制度，茶头千利休的地位过于显赫，我认为这应该就是利休倒台的最根本原因。而且，利休也在某种程度上依仗权势随心所欲，故而招致了一些人的憎恨，比如一位叫木下祐庆的人。详细情况我不太了解，不过既然姓木下，也许是秀吉夫人的亲戚。秀吉年轻时叫木下藤吉郎，但他最初是没有姓的，他的父亲是尾张中村的农民弥右卫门，"木下"是他原配妻子丰臣吉子娘家的姓氏。这位木下祐庆是秀吉的近臣，在茶道方面也颇有建树。他曾在鉴定茶叶罐时出现失误，被利休当众指出，令他颜面扫地。这件事让祐庆恼羞成怒，后来为了泄愤到处找碴，最后他抓住了大德寺山门前的利休木像一事。大德寺的山门处原本没有楼阁，后来利休捐赠了一座"金毛阁"。金毛阁内安放了一尊捐赠者的纪念像，问题就出在这尊木像上。这是利休正在观赏雪景的木像，头戴头巾，身穿僧衣，拄着拐杖，脚穿竹皮草鞋。就是这样的一尊利休木像，成了木下祐庆指责的对象，说利休肆意妄为。

　　当时反利休派的人数相当可观，比较著名的有石田三成、秀吉的爱妾淀君①，以及与石田三成、木下祐庆关系密切的京都奉行前田玄以②。京都奉行除了监管朝廷和京都城，还监管寺庙

---

① 本名浅井茶茶，父亲是战国大名浅井长政，母亲是织田信长之妹织田市。后来成了丰臣秀吉的侧室，为秀吉生下丰臣鹤松和丰臣秀赖两个儿子。

② 前田玄以（1539－1602），日本安土桃山时代武将，丰臣秀吉五奉行之一。

神社。众所周知，京都是古城，寺庙和神社众多，大德寺当然属于前田玄以的管辖范围。木下祐庆在前田玄以面前指控金毛阁的利休像僭位越分，无礼之极，玄以对此也表示同意，并以京都奉行的身份向秀吉上报此事，所以事情就麻烦了。如果再早一些，这应该也不会成为什么问题，但是恰逢确立士农工商身份制度之时，事态就无法挽回了。那尊木像在半年前就造好了，而木下祐庆非常精明地挑选了秀吉讨伐完小田原、平定了关东及奥羽地区后回到京都的第二年，也就是发动朝鲜战争的前一年来提出这个问题。

有人认为，利休被杀是因为他反对秀吉发动朝鲜战争，这种说法没有根据。在出兵朝鲜之际，德川家康、浅野长政①等人都曾向秀吉提过意见，因此即使利休持反对意见也不至于被杀。也有人说，是因为利休毒杀秀吉的企图暴露，这种说法同样很奇怪。利休完全没有毒杀秀吉的必要，因为这样做只会让自己失去地位。还有人说，利休和德川家康共谋毒杀秀吉，我很清楚为何会有这种说法。据《利休百会记》记载，利休在被逼切腹的前一个月举办了最后一次茶会，只招待了家康一人，也就是做了"一亭一客"的茶事。故而有人推测，利休和家康在茶

---

① 浅野长政（1547－1611），日本安土桃山时代武将，丰臣秀吉五奉行之一。

席上商量了如何毒杀秀吉。但我认为，仅凭这些"证据"就妄下结论，未免不妥。

关于利休的死因，还流传着其他说法。比如有人说，原因出在利休的女儿身上。利休女儿离婚后回到了娘家，秀吉对她一见钟情，要纳她为妾，却遭到了利休的拒绝，因此秀吉怀恨在心。这类推测，我认为也不能完全否定。利休的直接死因，除了木像事件被人拿来大做文章之外，还包括他在茶器买卖中徇私舞弊。有人指责利休不仅高价出售新茶器，还频繁将新茶器与历史悠久的名茶器进行交换，这是违背佛法的恶僧作为。用现在的话说，利休就是坑蒙拐骗的和尚。事实上，这些不过是陷害利休的借口。这里说的新茶器，指的是"乐烧茶碗"，在利休的时代称作"今烧茶碗"，也就是利休令长次郎烧制的茶碗。所有通过利休卓越的鉴别能力发现的茶器、新创作出的茶器都算是新茶器，如吊桶水壶、竹制锅盖架、面桶水翻、竹制吊钩等。因为这是天下第一的茶道宗匠创造出来的茶器，价格上涨也理所当然，而那些手头没钱的人，自然会拿出古老的唐物茶器进行交换。如果换个角度解释，这样的现象就被一些人看成了欺诈。

但这并不意味着利休强行出售了没有价值的东西。如果说利休发明的新茶器毫无价值，完全是他倚仗自己的权力，倚仗三千石俸禄的茶头权势强行出售，那么，流传至今的利休名物也就毫无价值了。然而，利休发明的那些茶器即使用现在的眼光来看，也依然是日本茶器的典型代表。比如说乐烧茶碗，无论黑色还是红色，都非常漂亮。长次郎烧制的陶器现今大多已成了重要文化遗产。"利休七种①"以重要文化遗产闻名于世，今天看来依旧是极为气派的抹茶茶碗。在利休之前，只要说到茶道中的茶碗，大家都会称赞唐物，青磁的天目茶碗等颇有影响力。比天目茶碗更进一步的是高丽的杂器。所谓的"井户茶碗"，就是朝鲜人盛饭用的饭碗，用来代替茶碗使用。另外还有漱口茶碗、笔洗、药用人参茶碗等。到了利休时代，才创造出了真正的日本抹茶茶碗。长次郎根据利休的创意烧制出了今烧茶碗，也是后来"乐烧"的开端。竟然有人以这些茶器售价太高为由批判利休，实在是无理取闹。现在想来，这只不过是陷害他的一个借口。木像事件与茶器出售事件，这两条成了利休的罪状。木像事件属不敬之罪，身为一介町人，竟然敢在敕使和关白秀吉都会通过的大德寺山门之顶树立木像，实属大不敬。这主要还是根源于身份制度，町人不能超越町人的本分。而身为町人出身的茶人出售高价茶器，就构成了越权与欺诈之罪。利休被

①指在长次郎烧制的茶碗之中，被利休鉴定为名品的七种茶碗，也称"长次郎七种"。包括三种黑乐茶碗、四种红乐茶碗。

勒令切腹自杀的原因就是这两点。

七十岁的高龄还要切腹，实在令人感到悲惨，但实际上这并没有什么悲惨的。町人出身的利休能拿到三千石的俸禄，已经非常了不起了。大名的俸禄一般是一万石以上，利休的级别相当于家老，或者旗本①等级，所以才会勒令他切腹。町人一般是被斩首，不会被勒令切腹。由此看来，利休死时得到了很高的待遇，所以不能说悲惨。利休的高徒山上宗二也是町人，他在利休被勒令切腹的前一年，在小田原之战②中被斩首，连耳朵和鼻子都被割掉了，真是凄惨至极。以前的町人和农民常常受到残酷的对待，但只有利休没有被斩首，而是像大名和武士一样被勒令切腹，作为堺城的町人已经相当体面了。现代人肯定会说，反正都是一死，怎么死都一样。但在古代，被处死也分不同等级，如果死得体面，就意味着受到了优待。不仅如此，上杉景胜③的两千军兵曾护卫在利休茶室的四周，这主要是担心跟随利休学习茶道的大名们会出于同情而发动叛乱。为了防

---

①旗本是石高未满 1 万石的江户幕府时期武士，在将军出场的仪式上出现的家臣，他们是德川军的直属家臣，拥有自己的军队，即使俸禄只有 100 石的家臣，也视为旗本。

②指 1590 年丰臣秀吉打败据守在小田原城的北条氏政、氏直父子的战役。

③上杉景胜（1555－1623），日本安土桃山时代的大名，上杉谦信的继承人，后追随丰臣秀吉，位列五大老。

止天下陷入混乱，命令两千人防守利休的茶室，真是大动干戈。不过，由此也能看出利休受重视的程度，他也可以瞑目了。

九 利休流茶道的传统

利休流的茶道，现在已是日本茶道的中心，其茶道精髓的继承者是利休子孙中的三千家。众所周知，三千家指的是表千家、里千家和武者小路千家(官休庵)。三千家在明治以后才开始兴盛，在明治之前的江户时代，利休门下的弟子以远州流、石州流等较有势力，这些流派作为面向将军、大名的茶道，影响力很大，但到了明治之后逐渐被三千家取代。在四民平等的时代，将军、大名、武士阶层纷纷没落，原本为町人茶道的三千家，自然成了全国的茶道中心。因为三千家的先祖是千利休，所以利休才会如此出名。

但是，今天的人们只要提到茶道，就会格外关注点茶方式及茶道流派，这种现象令人担忧。表千家和里千家存在什么差别，官休庵有什么不同之处，远州流又有什么特点等等，大家只顾关注这类问题，而这些琐碎细节其实都无所谓。大家也许会对其中的某一点感兴趣，但如果从刚才提到的茶道的层面来看，这些都是无关紧要的。古代的茶人不会关注这类问题，特别是利休，根本不会在意这些细节。所谓茶之道，最关键的是要真心待客，不断地为客人着想，才能实现茶道。如果只考虑自己，就会偏离茶道。不能总是在意别人怎么看自己，或总是担心自己的某些行为遭到别人的耻笑。也就是说，不要只考虑自己，而要考虑客人的心情，在款待客人时尽量使客人满意，这才是茶道的精神，也是绍鸥、利休的教诲。从多角度研究细致的茶道礼法也是必要的，但如果忘记了茶道的根本，一切就都无从谈起。主人和客人都是人，如何从人的角度出发，让客人身心愉快，借用现在的话说就是如何提供愉悦的服务，才是茶道的根本。如果能通过彼此的服务保持愉悦心情，就是"一座建立①"。能够营造出这种彼此关爱的和谐氛围，这就是茶道。俗世间存在许多不快之事，但至少在茶道聚会中，在茶席之上，能够实现人与人之间的美好交往。促进这种交往就是茶道的根本意义，是最为关键之处。

我认为，茶会应该成为俗世间人类社交的典范。如果茶会只注重形式而缺乏内涵，变得比俗世的普通吃喝聚会还要低级，就失去了茶道原本的意义。比如在喝酒之时，也能够实现心与

①所谓"一座建立"，本意是茶室设计的一种格局，后来引伸为一种令人景仰的"敬"的意象。茶室中，宾主共处一个没有差别、没有高低贵贱之分的位置上，在这里相敬相爱；出于"本心"的流露，以达到自然、非理性的情感交融。

心之间的交流。与之相同，应该去掉茶会中那些只为形式而存在的形式，用心促进人与人之间的心灵结合，否则就不能称为茶道。这就是我对利休的教诲进行的现代式解读，不知大家怎样理解。

第三章

茶道的发展

织部和远州

本章将接着介绍织部和远州。织部是千利休弟子中身份最高的，全名古田织部。尽管利休闻名于世，却有相当多的人不知道织部，这令人颇感意外。织部烧①在名古屋和岐阜一带很有名，还有美国人专门收藏织部烧，看来是喜欢收集那种大茶碟。因此，织部烧有一定的知名度，但说到古田织部，却都不知是何许人也。我曾在二战刚结束时写过一本小册子，书名是《古田织部》，并将其赠送给某文科大学的老师。他给我寄来明信片表示感谢，上面写道："谢谢您的《吉田织部》。"这让我有些失望，"古田"竟然变成了"吉田"，尽管字体相似，却让人感到有些伤心。

顺便提一下千利休的"休"字，很多人将其写成"久"字，尽管这样写的人最近有所减少，但还是存在。有种酒叫"利久酒"，这是"长久"的"久"字，而茶道中利休是"休息"的"休"字。如果把千利休写成"利久"，我总感觉他变成了酒道达人，这对茶道之神有些不敬。总之，只要还有人将利休的"休"字写成利久酒

①指在著名茶人古田织部的指导下由美浓陶工生产的茶陶。

的"久"字，或将古田织部写成"古田织部"，日本就还不能称为真正的文化国家。虽然大家都在大力提倡文化，但我们还没有做到真正地热爱文化、致力于文化。

再就是远州，他的全名是小堀远州。他之所以被大家熟知，主要是因为桂离宫①。去京都的人都想去参拜桂离宫。一提到小堀远州，就会有很多人说他是桂离宫的建造者。其实桂离宫并非远州所建，只不过一提到桂离宫，很多人会首先想到远州，还有远州流插花。需要说明的是，所谓的远州流插花，实际上并没有充分的根据证明其存在。在此说这番话有欠妥当，对远州流的花道老师很是失礼，实在抱歉。当然，或许也有一定的根据，如果有，敬请尽快告知，我会及时更正上述言论。远州著名的是茶花，他想出了各种摆放在茶室的插花类型，但我不太清楚为何会有远州流的花道流派。总之，由于存在这类通俗知识，织部和远州也算是被大家模模糊糊地知晓。

那么，织部这个人究竟有多大的价值？作为艺术家对日本文化有多大的贡献？远州又是怎样一个伟大的艺术家？本章将通过细节来讲述。

---

① 位于京都市西京区桂御园，于 1620 年前后建造，由古书院、中书院、新御殿、池泉环游式庭院构成，散布有多处茶室。

一　利休七哲和古田织部

首先从古田织部开始。千利休有七位较为知名的弟子，称作
"利休七哲"，正如芭蕉①的十位杰出弟子被称作"芭蕉十哲"一样。
不过，"利休七哲"并非是利休提出的，而是在利休死后才出现
的称呼。一般都是如此，以勇猛之士为例，"贱岳七本枪②"的称
呼并非丰臣秀吉在世的时候出现的，而是过了很长时间，到江
户初期才开始流行，"利休七哲"也与之相似。因此，关于"七
哲"中究竟包括哪七个人，众说纷纭。但古田织部最初并不在
其中，占据他位置的另有其人，比如织田信长的弟弟织田有乐。

①松尾芭蕉（1644-1694），日本江户前期的代表性俳人。
②贱岳是位于日本滋贺县琵琶湖北面的山，作为1583年丰臣秀吉与柴田胜家交
战的古战场而闻名，在这场交战中立了大功的七位秀吉的家臣被称作"贱岳七本
枪"，分别是加藤清正、福岛正则、糟屋武则、片桐且元、加藤嘉明、平野长泰
和胁坂安治。

信长是重武的独裁政治家，他的弟弟织田有乐却是有乐流茶道的创始人，这也许让人觉得奇怪，但有乐的确是位杰出的艺术家。实际上，信长本人也是出类拔萃的茶人，他的弟弟成为大茶人并不奇怪。

另外还有荒木道薫。他曾是摄津①的大名，战国时代的武士，原名荒木村重，也曾被列入"利休七哲"。也就是说，最初"七哲"中并没有古田织部，而是被织田有乐或荒木道薫代替了。剩下的六个人并没有争议，分别是蒲生氏乡、细川三斋、濑田扫部、芝山监物、牧村兵部和高山右近。其中，蒲生氏乡是会津的大名，而且是拥有九十二万石俸禄的超级大名，也是利休的爱徒。细川三斋本名忠兴，是现存三斋流茶道的创始人，原本是丰前的大名，他的子孙后来成了肥后的超级大名，并作为细川侯爵一族代代延续。据说在利休门下的大名茶人中，细川忠兴是最为忠实地传播利休流派的茶人。他既是利休的支持者，同时又原封不动地继承了传统的利休流派茶道。因此，三斋流茶道应该保持了古代利休流派的面貌，只是不知道现在如何了。

剩下的濑田扫部等四人不太突出，比如芝山监物，因为没有子孙延续下来，所以不太清楚他的情况。不过，现存有不少

---

① 旧日本地名，大约包含现在的大阪市部分地区、堺市的北部、北摄地域、神户市的须磨区以东（北区淡河町除外）。

利休寄给监物的信件，看来他也是利休钟爱的弟子之一。牧村兵部也不太出名，应该是位小大名。另外，还有一位比较出名的高山右近，他身为大名却信仰基督教，是狂热的基督教徒，并且擅长茶道，还做过加贺前田家的家老。

利休本人是堺城的町人，按常理说他的直系弟子应该也是堺城的町人。比如《山上宗二记》的作者山上宗二，应该被看作是利休的首席弟子。按说像山上宗二这样的人，才真正有资格归入"利休七哲"。但不知何故，"七哲"中并不包括町人和僧侣，几乎都是大名。除了蒲生氏乡、细川三斋等超级大名，剩下的都是领取约一万石俸禄的小大名。究其原因，我认为他们应该都是利休的经济资助人。比如蒲生氏乡、细川三斋、织田有乐等大名，或许都为利休传播茶道提供了资助。

但"七哲"中并没有古田织部，想来确实奇怪。古田织部在利休的弟子中实属怪异之人，属于异风茶人。换言之，他并没有原封不动地沿袭利休流的茶道，而是加上了个人的独特创意，用茶道的专业术语来说，就是添加了新的艺术构思。古田织部是一位不断创新进取的茶人。茶人社会自古以来都极具封建特色，这一特点至今依然没有完全消除。因此，人们推崇原封不动地沿袭老师言论的做法，绝不能批评老师的观点。不仅是茶道方面，插花、舞蹈领域也是如此，这是中世纪艺术社会的一大特征。然而，如果观察古田织部的茶道和艺术，人们会发现与利休之间存在着很大的差异。正因为如此，才会有人认为将他归入"七哲"不太合适。这一点，可以从详细记录了古田家的系谱——《古田家谱》中得到证实。据此书记载，在利休死后，织部奉丰臣秀吉之命改革茶道，秀吉曾说："利休之茶为堺城的町人之茶，你乃战国武士，务必将其改为武家风格之茶。"于是，织部按照秀吉的命令对茶道进行了改革。当然，单凭《古田家谱》的记载，不能完全证实秀吉说过这些话，但通过各种研究可以发现，织部确实添加了许多个人独特的创意，形成了与利休完全不同的新时代的茶道模式。

利休与弟子之间关于茶道的各种对话，如今已经变成了各种逸闻。从这些逸闻趣事来看，利休本人并不希望弟子们完全模仿他的茶道，他曾说过"断不可一味模仿"之类的话。据说在一次茶会中，利休使用了圆形茶釜，见到之后，某位弟子在自己的茶会中也效仿老师使用了圆形茶釜，结果利休说："此茶釜不好。"利休反对弟子模仿自己使用同样的圆形茶釜，并且告诫弟子应该用四方釜，即四方形的茶釜。关于利休的逸闻中，还有许多类似的故事。总之，弟子们如果因敬佩老师的茶道而照搬模仿的话，就会遭到训斥，这弟子当得太不容易了。利休就是这样的人，表面上看似乎性格怪异，总是对模仿自己的弟子发火，实际却并非如此，他是在教导弟子了，茶道一定要体现出每个人的个性。遗憾的是，在利休的门下，走上个性茶道之路的只有古田织部，其余的人还是在模仿利休。无论是细川三斋、高山右近，还是蒲生氏乡，都没有太多的创意。即使稍微有一点创意，与织部相比也完全不在同一个层次上。后来，表千家的第四代传人江岑宗左（千宗旦的三子）在其撰写的《江岑笔记》中，首次将织部归为"利休七哲"之一。总之，织部是利休最为独特的弟子。

二　织部的一生

与利休不同，古田织部显然不是町人。他生于美浓国，就是现在的岐阜。有人说他生于摄津，但这种说法是不对的。现在的岐阜县内，还生活着不少古田织部的后代。织部的直系后代叫古田恒二，是位医生，手上也有《古田家谱》。织部的后代中，也有人在经营旅馆，那家旅馆名叫"菊水"。请大家不要误会，我这样说并非是受人之托在为那家旅馆打广告，只是因为那是我所敬爱的古田织部的子孙开的旅馆。如果大家去岐阜，建议爱好茶道的人尽量选择住宿在菊水，我这样讲应该不至于被利休训斥吧。据说这里以前还举办过古田会。二十多年前，我曾在尾张的一宫做有关古田织部的演讲，当时来了许多古田的后人，非常有意思。实际上，作为大名的古田家早已消亡，当然这么说对织部的后代有些失礼。不过，古田家确实被江户幕府贬为了平民。除了岐阜的《古田家谱》，内阁文库里的《断家谱》汇总了被取消身份的大名系谱，其中也有古田织部的系谱，内容令人意外，却也翔实可靠。

据《断家谱》记载，古田织部天文十三年（1544年）生于美浓国，比德川家康稍晚一些，俗名左介。下面这些细节是我发现的。古田年轻时的名字是"景安"，之后又改为"重然"。丰臣秀吉就任关白后，古田很快被授予了从五位下、织部正的官位，此后才开始被称作"织部"。将他的名字写为"景安"的文书只有一两封，其他的几乎都是"重然"，有的还写作"重胜"，这明显是写错了，因为"重胜"另有其人。当时，有位古田兵部少辅叫"重胜"，他也生于美浓，肯定是混淆了。《茶人系谱》里的"重胜"是错误的，正确的应该是"重然"。

古田织部的父亲是古田重定，曾跟随当时美浓的大名斋藤道三①，织田信长灭亡了斋藤家，重定之子织部就成了信长的家臣。信长死于本能寺之变后，织部开始跟随秀吉。由此可见，

---

①斋藤道三（约1494-1556)，绰号"美浓的蝮蛇"，日本战国时代美浓国大名。

他从年轻时就奔走于千军万马之中。信长、秀吉、家康等人为统一天下所发动的战役，他几乎全部参加过。从这一点上来说，织部与他的茶道老师利休截然不同，是地地道道的战国武士。然而，他的战功只使他成了拥有三万五千石俸禄的大名、山城国①西冈城的城主，但顶多算是一个小大名，确实奇怪。不过由此也可以推测，虽然织部屡次参战，却没有立下什么功劳——参加过信长、秀吉、家康等人统一天下的战役的武士，一般情况下至少能得到十万石到二十万石的俸禄。此外，织部虽然没有进入朝鲜，但在文禄之役②时也曾出征肥前的名护屋。这样一位大名，却只有区区三万五千石的俸禄，足以证明织部作为武将在战场上并没有太大的功绩。

另一方面，织部虽然身为战国武将，却在茶道和其他的文化艺术领域都有杰出表现，像他这样的武士并不多见。仔细寻找的话，武士之中略有名气的知识人或艺术家也并非没有，但像织部这样贵为领有三万五千石俸禄的大名、战国时代的元老级武将，竟还是大艺术家，可以说绝无仅有。将古田织部称为伟大的艺术家，或许有些言过其实，但称作"天才艺术家"是

①日本古代的令制国之一，属京畿区域，为五畿之一，亦称山州或城州。相当于现在的京都府南部。
②中国称万历朝鲜战争，由丰臣秀吉1592年派兵入侵朝鲜挑起。

当之无愧的。这不仅指织部烧茶碗，而是整体上的评价。比如从书法角度来看，他的字非常了得。我最初也感觉织部写的字看起来费力，像是故意写得怪模怪样。但在与利休、本阿弥光悦、小堀远州的书法进行比较后发现，织部的书法极具个性，而且充分体现了他个人的特点。在我看来，织部的书法风格在很大程度上影响了光悦、远州等人。在陶器方面，织部令人烧制了色彩艳丽的陶器。织部之前的陶器，无论濑户烧还是备前烧，都非常朴素。而织部烧这种形态奇特、色彩亮丽的陶器，可以说是织部的杰出创意。

战国武将织部究竟从何时开始被称作天才艺术家？对此我感到非常好奇。我经常引用的古代茶书《山上宗二记》，是利休的弟子山上宗二在天正十七年（1589年）编写的。利休切腹是在两年后的天正十九年，也就是说，这本书是在利休晚年的全盛期完成的茶道秘笈，是最可信的茶道研究史料。书中记载了当时的著名茶人以及那些茶人们秘藏的著名茶器。不可思议的是，其中并没有织部的名字。由此可以证明，在利休去世之前，无论是作为茶人还是作为艺术家，织部都并不出名。

我还查看了茶会记录，其中出现过古田织部的名字，但写成了"古左"，似乎是取了"古田"中的"古"字和"左介"中的"左"字。另外，在秀吉与利休的信件中可以发现，从天正十一年（1583年）秀吉取代信长统一天下，建造大阪城开始，才出现"古左"这个名字。根据茶会记录可以看出，古田织部曾参加过各种茶会。据《津田宗及茶汤日记》记载，织部首次自己举办茶会，是天正十三年（1585年）二月十三日的早会。那一日，织部邀请了堺城"会合众"中的住吉屋宗无和津田宗及。他用吊钩在地炉上悬挂了双重茶釜，用濑户烧茶碗点茶，然后向客人敬茶。利休非常喜欢使用濑户烧茶碗，比如黑色的濑户茶碗。织部最初也钟爱濑户烧，很早就开始使用濑户茶碗，这就是"濑户织部"的由来。

关于织部和利休的关系，现在尚不清楚织部从何时开始跟随利休学习茶道。但是，近年来发现了五封利休写给织部的信件，基本都是利休晚年所写，收信人写的是"古左大人"或"古织公"。因为织部是大名，虽说是利休的弟子，利休还是尊称他为"公"。其中最为著名的是东京国立博物馆收藏的圆城寺竹制花瓶的附信，被称作"武藏镫之文"。这是在小田原战役中利休寄给织部的信件。当时织部正奉秀吉之命攻打江户城，一直打到了今天的东京附近。类似的信件还有几封，由此可以推测利休非常看重织部。

在小田原战役的第二年，利休受到了秀吉的处罚。关于其中的原因，在上一章已经进行了详细论述。利休先是在京都聚乐第①的自家宅邸内被治罪，秀吉命令他暂时回故土堺城禁闭，所以利休要经过淀城②渡口返回位于和泉③的堺城。师从利休且与他平日里关系密切的大名们，由于顾忌关白秀吉，几乎没有人前去送行。只有细川三斋（当时的名字是越中守忠兴）、古田织部二人专程赶到淀城渡口为师父送行。因为利休是罪人，大家都害怕受到牵连，招来后患，这也是人之常情。但细川三斋和古田织部不怕受到牵连，堂堂正正地前去送行，的确了不起。据说利休对二人极为感激，当时利休的亲笔信中也流露出了感谢之情。那是利休在天正十九年二月二十四日写的信，寄到了细川家，现藏于永青文库。

总之，利休死后织部才开始出名。现在并不清楚织部此前作为茶人有何活跃表现，不过，他曾踏踏实实地学习茶道，这绝对是事实。前文提到，在利休死后，秀吉曾命令织部将利休的町人风格茶道改革为武家风格茶道。秀吉是否真的下过这一命令，除了《古田家谱》之外没有太多证据，因此很难断定。太阁秀吉当时建造了伏见城，并在此修建了大名宅邸，其中一

---

①丰臣秀吉曾在京都建造城郭式大宅邸，1587 年建成，名为"聚乐第"。利休后来也在"聚乐第"的城下拥有了自己的宅邸。
②地名，位于今日本京都市伏见区西南部。
③旧日本地名，今日本大阪府南部。

座宅邸赠予了织部，被称作"织部伏见宅邸"。根据《宗湛日记》及其他记录，我们可以详细了解织部以伏见宅邸为中心举办茶会的情况。在著名的关原合战①前一年，也就是庆长四年（1599年），织部已经成为公认的茶道名人。现存的《多闻院日记》是奈良兴福寺多闻院的和尚写的日记，在这本《多闻院日记》中，庆长四年三月二十二日记录了如下内容："来自伏见的茶道名人织部光临。"这足以证明，在关原合战前一年的庆长四年，织部已经成了利休时代之后公认的茶道名人。当时织部五十六岁。

此外还有《宗湛日记》，无须赘言，这是神谷宗湛的茶日记。神谷宗湛既是九州博多的贸易商，也是茶道爱好者。《宗湛日记》详细记载了宗湛受邀参加织部茶会的情况。茶会的次数并不太多，但从中可以了解到很多细节。关原合战之后，织部开始了隐居生活，长子山城守重广继承了家业，也就是说，织部已经不再是拥有三万五千石俸禄的大名。不过，织部的已故父亲留有三千石的俸禄，织部也将其留作己用。另外，织部在关原合战时曾协助德川家康，于是又增加了七千石的俸禄，这样就有了一万石的俸禄。儿子的俸禄是三万五千石，织部自己的俸禄是一万石。隐居之后的织部开始潜心钻研茶道。以伏见宅邸为

---

① 1600 年，以德川家康为首的东军和以石田三成为首的西军在美浓国关原展开的决定政权归属的大会战。

中心频繁举办茶会。当然，他也会受邀参加其他的茶会。正如《多闻院日记》的记载，织部被称作利休之后的茶道名人。于是，不仅是从属于德川的大名，全天下的大名都慕名前来学习茶道。从这点来看，作为利休的高徒，在权势方面无人能够超越织部。

要想被称作茶道名人，需要很高的资格，不是随随便便就能成为名人的。《山上宗二记》中记载，利休之前，只有珠光、引拙、绍鸥三位名人，加上利休也不过四人，接下来就是织部。也就是说，织部是日本茶道史上第五位茶道名人。关于织部的茶会，详细论述会花费太多时间，暂且先不谈。但需要注意的是，织部的伏见宅邸内设有"数寄屋"，"数寄屋"的名称在《宗湛日记》中有明确记载，这是极其珍贵的资料。织部的伏见宅邸里共有两个"数寄屋"风格的茶室，分别是"凝碧亭"和"吸香亭"。织部就是在那里举办茶会的。

织部在这些茶会中使用的器具确实与利休不同。"乐烧"在利休的时代称作"今烧"。织部似乎并没有使用今烧茶碗，而是使用了一些奇形怪状的濑户茶碗，只有香盒使用了今烧的香盒，这些都体现了他的独特创意。他还使用了唐津茶碗①。除此之外，织部使用的"面桶水翻"、竹制锅盖架等基本上和利休使用的相

①指唐津陶器中的茶碗。所谓的唐津陶器，指在文禄、庆长年间日本出兵朝鲜后，一些朝鲜陶匠来到日本，并在肥前地区建窑烧制的朝鲜式日用器皿。

同，可能是因为它们在当时很流行。葫芦做的炭筐也是利休喜爱的东西。

《庆长见闻录》中记载，在庆长十五年（1610年），也就是关原之战的十年后，大坂之战①的四年前，古田织部向德川二代将军传授献茶式。这种传授不难想象，织部曾向德川家康、德川秀忠等人教授茶道，特别是向秀忠传授献茶仪式之事，有着明确的史料记载。织部还曾跟随大德寺的春屋宗园禅师学习参禅，道号金甫印斋，茶号宗屋。很少有人知道"宗屋"这个茶号，说起"古田宗屋"，大家也不知道是谁。只有说"古田织部"，大家才能反应过来。但他确实有过"宗屋"这个茶号。

在关原合战之后，古田织部归顺了德川家康。为了保护自己的家族，几乎所有的大名都会如此，很少有人能像石田三成那样。三成属于纯情型，这类人往往会家破人亡。如果考虑整个家族的前途而不只是自己，单靠纯情远远不够。现在所说的家族，一般是指自己的妻子、儿女、孙辈等，但古代的家族还包括众多的家臣，承担着比现在的公司经营者更重的责任。如

---

①大坂之战（1614-1615）发生在江户时代早期，是江户幕府消灭丰臣家的战争，其中包括1614年11月-12月的大坂冬之阵和1615年5月的大坂夏之阵。大坂即今日的大阪，古时称"大坂"。在代表武士时代结束的明治维新时期，忌于"坂"字可拆为"土反"，有武士造反之意，遂于明治三年（1870年）更名为"大阪"。书中除"大坂之战"等专有名词外，均写作"大阪"。

果一步走错，就会丢掉领地，失去家园。现在的总理大臣可以找人替代，大名却不能替代。大名的失策会导致全家没落，还会被夺去俸禄。所以，绝不能仅凭个人感情一时冲动去帮助丰臣秀赖①。因此，织部也暂时归顺了德川家康，并作为德川家的茶道老师风光一时。但是，他的内心却另有想法，尽管表面上拥护德川家，但在大坂之战开始之后，情况开始改变。

众所周知，大坂之战分为冬之阵和夏之阵两场战役，在此期间双方讲和，庆长十九年（1614年）的冬之阵时，织部曾与丰臣一方私通，向大阪城箭传书信，夏之阵后此事败露。其中的缘由并不清楚，但据说织部最小的儿子古田九八郎是丰臣秀赖的侍童，织部非常疼爱九八郎，所以在九八郎的请求下向大阪城内射箭传信泄露德川家的情报。或许因为有这样的事情，织部一直心神不定，并在冬之阵时负伤。但他并非是在自己的军营里受的伤，当时织部前往茶友佐竹义宣（长陆的大名）的军营做客，或者是去教授茶道，结果意外受伤。佐竹的军营里有竹林，碰巧其中有可用来做茶勺的竹子。织部发现之后伸手去砍竹子，偏巧这时从城中射出了一枚子弹。据说是因为织部

---

①丰臣秀赖（1593－1615），丰臣秀吉之子，秀吉钦定的继承人。关原合战之后，德川家康就任征夷大将军，建立幕府，丰臣家就此没落。大坂夏之阵后，秀赖切腹自尽，丰臣家灭亡。

脱发的光头在竹林中一闪，所以被对方当成了目标。幸好织部的脱发部位较为巧妙，子弹只擦过头皮，并没有生命危险。因为流血，织部当场大叫自己中弹了，身边的人赶紧为他包扎伤口，据说左眼上方也受了伤，我猜测是火药散开的缘故。这可以说是与敌人正面交火时受的伤，织部也算立下了战功，只是因为是离开自己的军营，在别处受的伤，并未得到任何奖赏。我猜测，织部在战场上也总是这样错漏百出。

　　冬之阵以讲和告终，德川进而用计填埋了大阪城的护城河，然后再次发起了挑战，这就是元和元年（1615 年）的夏之阵。这个时候织部正在酝酿一件大事，对此有充足的资料来证实。之前说到关于利休被处罚的原因，实际并不太清楚，甚至被大家称作千古谜团。而且，即使查证清楚了，也不会是什么大事。经常有人说是因为利休企图毒杀秀吉，这是不对的。利休的罪状只是身为町人却举止大不敬，绝非反叛罪。织部则不同，他是明显的反叛罪。看到德川家康和秀忠率大军从伏见出发后，织部命令伏见城内的家老起兵，企图与大阪城前呼后应，夹击家康和秀忠的大军，不过这个阴谋败露了。织部究竟为何干出如此鲁莽之事，至今依然不清楚。即使最疼爱的小儿子在大阪城内，也不足以成为他反叛的理由。想要解释织部这一阴谋的动机，看来只能依靠推理了，我打算今后围绕此事写一部推理小说，在此不再赘言。在大坂之战中，古田织部确实干出了这件谁都不敢干的事情，也许这就是他的魅力所在。后来大阪城被攻陷，丰臣家灭亡，元和元年六月十一日，织部被命令在伏见的宅邸切腹。当时他说过的一句话流传至今："此时申辩实汗颜。"随后他从容地切腹自尽。至于织部为何会那样做，尚有许多无法理解的疑点，但总之罪状确凿，他认为已经无可辩解，辩解反而难堪。织部当时七十二岁，比利休的寿命长两年。他的家产被没收，并被废黜了大名地位。

三 织部的茶道

在这里，我想概述下织部茶道的特点以及织部的喜好。《织部百条》中记录了织部的茶道体系及传承，此书有多种抄本，广传于世，类似于对《利休百条》的补充。虽说名叫"百条"，但有的抄本甚至有一百一十多条。不过，我近年发现了织部的原稿。在岐阜以南的柳津，有位经营机织布批发店的先生，名叫广濑曾市，那本织部的原稿就珍藏在他的手中。尽管《织部百条》的抄本广为流传，但这本却是织部的亲笔。在东京也有一本疑似原稿出现，不过在我看来，尽管字体与织部的相像，但和广濑先生的那本相比,笔势略显不足。战前创元社出版的《茶道全集》中还登载过这本疑似原稿的照片,当时由某位实业家收藏,现在为东京的一位先生所有。广濑先生手中的则是千真万确的原稿,二十多年前在尾张的一宫举办茶会时还曾公开展示过。

我最初认为所谓的《利休百条》《织部百条》都是骗人的伪作,是后人编写出来的,这主要是因为一直没有找到利休亲笔书写的《利休百条》。但后来发现了织部的原稿,证实了《织部百条》的存在,这样一来,也就无法断然否认《利休百条》的真实性了。另外,《山上宗二记》这本书也传到了织部手中,不过书名不是《山上宗二记》,而是《织部家数奇之大事》。我推测,织部直接从利休那里继承了珠光流茶道的秘法。总之,珠光、绍鸥、利休、织部等人的茶道一脉相承,也存在记载他们这样代代相传的书籍。不过,前面已经说过了,织部并没有全盘接受利休的教导,而是在学习前人的基础上加上了独特的创意。

织部的创意和革新涉及很多方面。首先是"露地",就是茶室外面的小院子。利休喜爱的数寄屋"露地"体现了深山幽谷般的风情,也就是"侘"之境界。但织部认为这样过于孤寂,于是在"露地"的树丛中种植了蒲公英,并吸引山鸠鸣叫。和利休相比,织部的审美取向要华丽得多。或许因为织部是武将,而桃山时代正是盛行华丽审美的时代。比如丰臣秀吉建造的大阪城、聚乐第、伏见城等，都是城郭文化的代表性建筑，充分体现了桃山美学。另外，无论绘画还是美术工艺品都是多彩华丽的。而利休的"侘"趣味，并非桃山时代的风格，而是中世风格。与利休不同，织部的喜好中融入了近世①元素，在各个方面都充分体现了桃山时代的奢华趣味。

以茶室为例，其中有"台目榻榻米②"。有人认为这是利休的次子千少庵创造的，但我推测，最终完成台目榻榻米的人应该是织部。而且，从织部喜欢的茶室面积来看，这种榻榻米的大小正好合适。相比之下，利休较为推崇三叠、二叠、一叠半的茶室。比如，里千家家元的今日庵只有一张台目榻榻米，堪称"侘"的极致表现。织部感到这样过于狭窄，而实际上，最先提出一叠半、二叠的茶室过于狭小的人，是比织部资格更老的织田有乐。在织田有乐的秘笈中明确写道："利休居士发明之极小茶室，过于狭小，宾客深感不便。"织部也继承了有乐的想法，对茶室进行了适当的改革。织部喜欢的茶室，较大的有四叠半台目大小。比如在战争中毁掉的名古屋城内的"猿面茶室"，它的壁龛立柱表面凹凸不平，像猴子的脸一样，因此被称作"猿

---

①在日本史上处于中世和近代之间的时代，一般指安土桃山时代和江户时代。
②茶室榻榻米的一种，是普通榻榻米的四分之三大小。

面茶室"，茶室有四叠半台目大小。位于京都誓愿寺安乐院内的茶室安乐庵，有三叠台目大。位于奈良国立博物馆内的八窗庵，有四叠台目大。位于京都薮内宅邸的燕庵，有三叠台目大。总之，基本都是三叠或四叠台目，因为三叠以下的茶室实在太过狭小。在有足够空间的茶室内摆放台目榻榻米，这就是织部喜爱的茶室特点。当然，其中也有织田有乐的影响。

另外，为了清楚地看到挂在壁龛的字画，织部为茶室设计了窗户，能使壁龛处明亮一些，这种窗户称作"织部窗"或"笔墨窗"，据说都是织部的创意。无论如何喜爱"侘"情趣，如果看不清壁龛上的挂轴就不好了。特别是字画中的字，本来就难以读懂。因此，在壁龛旁边开一扇窗户，让客人看得更清楚，这确实是实质性的改革。总之，使房间的狭窄、昏暗恰到好处，同时空间略有余地、稍显明亮，这就是织部喜爱的茶室的特点。织部的茶室在某种意义上说更符合近代的审美特点，因此明治、大正和昭和年间的实业家们纷纷仿造了织部的茶室。比如，益田钝翁的"幽月亭"、野村得庵的"又织"等，还有我所熟悉的松永安左卫门①的"耳庵"。松永安左卫门的别号是耳庵，于是直接用作了茶室的名字，那座茶室现在位于埼玉县所泽市坂

①松永安左卫门（1875－1971），日本实业家、政治家，也是近代小田原三茶人之一，茶号"耳庵"。

下的柳濑山庄。耳庵仿照了织部喜欢的八窗庵，有八扇窗户，
三叠台目大小，室内微亮。我在战争期间①曾受邀来此喝茶，
也练习点茶。恰逢有位茶道老师疏散至此，非常幸运。这是一
间既拥有"侘"趣味，又增添了些许光亮的、无法言表的美妙
茶室。

　　再就是"窝身门"，即茶室的入口。在利休时代叫"潜身门"，
到了织部的时候才开始叫"窝身门"。利休的孙子千宗旦曾指责
"窝"字过于低俗。看来利休的子孙也就是千家，与利休弟子中
观点独特的织部，以及受织部影响的远州、石州等人之间，在
茶道理念上存在着一些分歧。

四　织部喜好的茶器

　　织部的喜好中最具特色的是茶碗，其中包括以高丽茶碗为
原型的履形茶碗。丰臣秀吉入侵朝鲜时，御用船"御所丸"运
回来的艺术品中就有高丽茶碗，称作"御所丸手"。其中，符合
织部喜好的茶碗称作"古田高丽"，这就是履形茶碗的原型，后

────────────────

①指第二次世界大战。

来逐渐发展成了织部茶碗。据薮内家①五代竹心秘笈记载，除了古田高丽，萩烧陶器的创始人高丽左卫门制造的高脚茶碗"是界坊"也是织部茶碗的原型。织部的弟子毛利秀元命高丽左卫门烧制了这种茶碗，织部又仿制了它。除此之外，传到三井家的刻有铭文"须弥"的小井户茶碗（又名"十文字井户"），也是织部茶碗的原型之一。这些说法表明，织部茶碗的原型并非只有一个。

总之，织部茶碗在形状上酷似鞋子，故命名为履形茶碗。这种椭圆形状的茶碗底部较大，仿佛能够突显武士的强大。与之相比，利休令长次郎烧制的今烧茶碗（乐烧初代），形状规整，外形纯朴，给人以安定感。而织部茶碗的形状很不平衡，给人强烈的感官刺激。无论是从外形还是感观，织部茶碗都表现出了武士的强大有力，同时具有原始陶器的质朴感。其不规整的形状体现了类似绳文陶器②的不规则感和粗野感。最早的织部茶碗是濑户黑，这在《宗湛日记》庆长四年二月二十八日的文字中有记载："濑户茶碗歪曲不整，实乃怪异。"后来出现了在茶碗的表面画上花草的织部黑，再后来又发展出了志野烧

①薮内流是日本茶道流派之一，以安土桃山时代的薮内宗巴为创始人，京都四流派之一。与三千家的"上流"相对，被称作"下流"。
②一万多年前的土陶，呈黑褐色或红褐色，质地较厚，因多绘有绳结花纹而得名。是日本列岛已发现的最古老的陶器。

的志野织部，进而是鼠志野。织部黑是黑色的茶碗，发展到志野烧后，底色成了白色，添加了各种色彩，还在茶碗表面加了铁砂釉、绿青釉，勾出了线刻纹、印花纹来显示布纹理，独具匠心，非常漂亮。布纹是先用布盖住陶器，然后再烧制，布纹便会印在茶碗上，这样会有一种原始陶器的感觉。铜绿只占茶碗的一半，颜色对比鲜明，可以说是充满桃山时代特色的创意。据说织部是在日本茶碗上添加花纹的第一人，线刻纹、印花纹等原始花纹能让人想起弥生土器[1]中的几何图形。这些茶碗的创意是否真的来自织部？目前还没有找到确切的证据，但加藤土师萌等研究人员正在进行更加详尽的研究，并有了一些新的发现。

在茶叶罐方面，有一种"饿鬼腹"茶叶罐，中间隆起，就像饿鬼的肚子一样。利休喜爱的茶叶罐叫"尻膨"，日语中"尻"是屁股的意思，也就是说，这种茶叶罐底部肥大，而"饿鬼腹"是在其基础上的一种进步。织部喜好的茶具都非常特别，比如经常在茶席中使用的伊贺水壶就形状怪异，被称作"伊贺织部"，堪称织部喜爱的茶器中的代表。五岛美术馆里收藏着志野水壶，据说这是美浓的大宣或大平窑烧制的陶器。这种箭尾口的水壶，

---

[1]继绳文土器之后，日本从公元前3世纪至公元3世纪出现的陶器，红褐色，多为简单花纹。

是五岛美术馆的秘藏品。

再就是竹制茶勺，织部的斑竹茶勺具有刚健的武士风格，在茶叶筒上还写有"古织公"的字样。无论是织部的茶勺，还是蒲生氏乡的茶勺，都非常符合武士的审美取向，虽然是竹子做的，却有一种刀剑般的刚健之感。

此外还有各种其他茶器，不再一一介绍。五岛美术馆收藏了织部喜爱的一种花瓶，是伊贺烧①的古伊贺花瓶。上面有铭文"破袋"，已被认定为重要文化遗产。再就是志野烧，有茶碗、钵类，还有用于怀石料理②的怀石器具。比如鼠志野的瓷钵和织部喜欢的带提手的瓷钵。

织部烧的特点主要体现在履形茶碗和水壶中，但在怀石器具、钵类等各类物品中也都凝聚了织部的创意。特别是在方形钵上涂上铜绿、设计成四角形或八角形的器皿。仔细观察，不难发现这些器具充满了异域风采。其中有些东西受到了南洋器物的影响，并非纯粹的日本式艺术品。

总之，茶碗上一半覆盖铜绿，是桃山美术的独特创意，

①伊贺（今三重县）的丸柱一带烧制的陶器，多为花瓶、水壶，自古以来深受茶道爱好者喜爱。
②原是日本茶道中主人请客人品尝的料理。现已不限于茶道，成为日本常见的高级料理。

在屏风绘图、拉门绘图上都有体现，如"谁袖①"、海中沙洲等。织部烧集中体现了桃山文化的绚丽多彩。利休并未达到这种程度，因此我认为，利休应该算是桃山之前的艺术家。到了织部时代，桃山美术的华丽特征才得以在陶器上发扬光大。

顺便提一下织部的书法，可以说非常独特，无与伦比。本阿弥光悦的书法也有独到之处，织部则更胜一筹。近年发现了一封织部寄给光悦的信件，以及三封织部寄给小堀远州的信件，由此可以推测，织部对光悦和远州都有一定的艺术影响力。

五 远州的一生及艺术特征

下面简单介绍一下小堀远州。远州与织部不同，他并非是驰骋于千军万马中的武将。虽然同为大名，织部的俸禄是三万五千石，远州的俸禄只有一万两千石。远州的父亲叫小堀新介正次，是秀吉的普请奉行②。这个职务非常辛苦，因为身处乱世，无论建造城池还是建造宅邸，都要全力以赴，而且要

---

①将各种华丽的女性服装挂在和式衣架上的图，多用于装饰性屏风画中，流行于桃山时代和江户时代。
②专门负责建筑工程的官员。

在战火中工作，与和平时代的建筑施工截然不同。小堀新介正次的儿子小堀作介（远州）后来继承了父业，只是到了远州时代，天下已经太平。所以，虽然同为武士，远州与织部并不相同。远州恐怕从未上过战场，即使上过，应该也并未实际参加过战斗。远州虽然号称是武士、大名，实际上只是负责工程建筑的官员，用现在的话说就是官僚知识分子。在这一点上，他与织部大不相同，也导致了二人在艺术追求方面的巨大差异。从根本上说，艺术作品会受艺术家生活环境的支配。远州生长在和平年代，未曾经历太多风雨，他的艺术作品要比织部温和许多。经常有人批判远州的艺术作品过于平庸，的确如此，虽然表面上看起来很漂亮，但与利休或织部的作品比较，就会发现远州作品的不足之处。

　　远州的父亲小堀新介正次死于关原合战后的第四年，也就是庆长九年（1604 年）。远州当时二十六岁，继承了父亲的领地，成了备中^①松山^②的大名，俸禄一万两千石。他在建筑领域表现突出，主要负责督造与朝廷和江户幕府有关的城池、御所、庭院等。他曾参与了伏见城、院御所、骏府城、名古屋城的天守阁、禁后御所的建造，后来被任命为远江守，官位从五位下。

①日本古代的令制国之一，在今冈山县西部。
②地名，位于今日本冈山县高粱市。

"远州"这个名字，正是由"远江守"而来。一直以来，人们并不太清楚远州与织部的关系，近年发现了几封两人之间相互往来的信件，使这方面的研究略有进展，但依然存在诸多不明之处。不过可以确定的是，远州继织部之后担任了德川将军家的茶道老师。远州住在伏见，时常去江户谒见，并留下了去江户时的纪行文。比如远州在元和七年（1621年）四十三岁时写下的《小堀宗甫公旅日记》就是其中之一。远州曾前往江户指导二代将军秀忠点茶，晚年又侍奉三代将军家光，正保四年（1647年）二月六日，远州在伏见的家中去世，享年六十九岁。

远州首先是位歌人，曾跟随冷泉为满、木下长啸子等当时一流的歌人学习和歌之道。曾为歌人的经历，造就了他的艺术特点。正因为远州是位歌人，他所选择的"中兴名物①"中，有些就带有和歌铭文。远州同时还是一位古典文学家，偏好平安时代的文化。我认为，他曾以复活平安时代的文化艺术为目标。如果远州只是单纯地模仿利休或织部，就不会形成自己的独特之处了。他不仅是歌人，同时也是书法家，这造就了他的艺术的独特之处。他曾经学习明代的隶书，后来又学习了定家流派的假名书法。歌人与书法家的修养奠定了远州的艺术基础。他创作的和歌极为出

---

① 专指小堀远州按照自己的审美观挑选的名品茶器。

色，即使作为一名歌人也完全可以立足于世。作为书法家，他被称作"宽永三笔①"之一，成就非同一般，虽与织部相比字体稍显柔弱。织部的书法独成一派，至今不知是受了谁的影响。在织部的书法研究方面依然存在诸多空白。相比之下，远州的书法融汇了隶书与定家流的假名书法，这一点是比较明确的。对文学和书法两个领域的精通，引领了他的所有艺术。可以说，远州并非单纯的茶人，而是一位综合型的艺术家。

六　作为建筑家、造园家的远州

作为建筑家的远州，本职工作就是负责工程建筑，所以在这方面有突出表现也很自然。经过了利休和织部之后，茶室也在逐步改进，而远州对茶室的贡献，是在原有基础上添加了书院茶室的元素。茶室依然是三叠大小的狭小房间，具有孤寂茶室的风格。不过，远州在拉门上加了横木板条，房间里还有采光隔扇和许多窗户，与织部的茶室相比，整体感觉明亮了许多。远州并非原封不动地复原了书院建筑，而是

①被称作"宽永三笔"的分别是本阿弥光悦、近卫信尹、松花堂昭乘，并不包括远州。此处可能是作者的笔误。

在书院式茶室演变为数寄屋、具有了彻底的"侘"风格之后，又恢复了书院建筑的明亮感。从这个意义上讲，远州要比织部更进一步。远州在茶室内的照明上颇下功夫，因为既要明亮，又要保持"侘"茶室的风格。因此，远州建筑的艺术特征被大家称作"古雅之美"——非常漂亮华丽，同时又古典优雅。简单来说，远州在狭小的茶室中添加了书院风格的拉门和横木板条，数寄屋因此变得美丽明亮。尽管是小到极致的草庵式"侘"茶室，依然能保持美感，远州的创意就在于此。

再谈谈作为造园家的远州。桂离宫的庭院可以说为后人留下了关于日本庭院史的一次展览。利休完成了茶室庭院，而远州用小路将数寄屋的露地连接了起来，建成了具有王朝风格的环游式大庭院，还在数寄屋的露地中添加了树木、池塘、泉水等元素。从整体来看，王朝风格的园林、池塘和石桥浑然一体，细看则是数寄屋、露地与自然恰到好处地融为一体，成为综合性庭院。除了传统样式，桂离宫之中又不断增添了新的样式，全部融合在一起，就像是有关庭院的展览会。桂离宫中的建筑，远州直接参与建造的有古书院、松琴亭等。而最能体现远州水平的建筑，则是大德寺孤蓬庵的茶室和露地。

七 作为陶艺家的远州和"中兴名物"

作为陶艺家的远州因"远州七窑①"而闻名。所谓"远州七窑"，具体包括远江的志户吕、近江的膳所、丰前的上野、筑前的高取、山城的朝日、摄津的古曾部、大和的赤肤。这七座窑是否都与远州有直接关系还是个疑问，不过其中筑前的高取烧肯定与远州密切相关。现在的茶会上经常使用高取烧的茶叶罐或茶碗，高雅华丽，色彩明快，还具有古典之风雅。一般认为，茶道自织部开始有了华丽之风，到了远州时代，茶器变得更加华丽风雅。据说受女性喜爱的茶道始于远州，我认为很有道理。年轻女性如果使用黑色且闲寂的、禅宗和尚也喜欢的茶碗，肯定不太协调，而使用远州喜好的高取烧的茶叶罐或茶碗，就非常合适。远州的这种风格被称作"古雅之美"。远州与朝廷和幕府将军交往密切，所以顺应环境开始喜欢风雅之物，这一点和后来的片桐石州一样。作为将军家的茶道老师，远州所处的环境，提高了他的艺术品位。

远州还是一位杰出的鉴定家。利休之前，颇有历史渊源的茶器被称作"大名物"，远州则将他认为出色的茶器指定为"中

---

① 指传说中按照小堀远州的喜好烧制茶器的七座窑。

兴名物"，其中包括了利休以后的名器、利休之前未被发现的唐物，以及日本的古濑户①等。选定"中兴名物"这件事本身就说明了远州具有卓越的鉴赏力，还体现出他对名物鉴赏拥有新颖的视角。如果观察"中兴名物"可以发现，符合远州审美趣味的茶器都是既风雅又华丽，同时具有高品位。另外，每件茶器上都有和歌铭文。远州自己从《古今集》和后来的《敕撰和歌集》中，找到了适合中兴名物茶器的和歌，将其中的一句作为铭文，这就是和歌铭文。和歌铭文古已有之，比如南北朝时代的茄子形状的茶叶罐"九十九茄子"，上面就有和歌铭文"九十九"。《伊势物语》中有一首和歌："百年不足一，九十九发也。向我垂青眼，莫非有恋情。"意思是，百缺一就是九十九，"百"字如果没有上面的"一"就是"白"字，所以，"九十九发"在此指"白发"。相传这首和歌的作者是在原业平②，取了其中的一句作为"九十九茄子"的铭文。不过，虽说很早就有和歌铭文，但远州在"中兴名物"中特别强调了和歌铭文。他找出了与茶器匹配的古代和歌，并在古代和歌的基础上为茶器添加和歌铭文。看来远州将藤原定家古句新作的方法引入了茶道之中。

　　不过，"中兴名物"中也并非全部都有和歌铭文。收藏在五

---

①指镰仓、室町时代以濑户为中心烧制的陶器。
②在原业平（825－880），日本平安初期歌人，著有歌集《业平集》。

岛美术馆的濑户春庆的葫芦茶叶罐，就没有和歌铭文。带有和歌铭文的远州茶器，大多是茶叶罐，其次是茶碗，再就是茶勺（数量相当多）。其中较为著名的是音羽山的茶叶罐，上面的和歌取自《古今集》中在原元方的恋歌：

来到音羽山，今闻汝音讯。

相隔逢坂关，关前徒经年。

远州根据这首和歌，为茶叶罐添加了和歌铭文"音羽山"。另外，五岛美术馆中收藏的玉柏手茶叶罐，上面有铭文"一本①"，应该是取自《古今集》中的古代和歌：

紫草一株动我心，武藏野间草皆美。

另外，唐物中被指定为"中兴名物"的吹上文琳茶叶罐，曾是云州松平家代代相传的珍品，现在也收藏在五岛美术馆中。五岛美术馆中仅"中兴名物"就有十余种。

其中有一件很特别的是远州茶勺。它并不像织部茶勺那样

①相当于汉语的"一株""一棵"。

纯粹，即使都是用竹子，远州也会选用斑竹、矮竹等特殊竹子，切开后削薄，再仔细磨制。如果将织部茶勺比作刀，远州茶勺就像贵妇人的簪。在那簪子般漂亮的茶勺上，还带有和歌铭文。远州将茶勺套筒刮平，在上面用隶书写下和歌铭文，并在下方用定家流假名零散地写上原文。打开茶勺套筒后，贵妇簪子似的茶勺会轻轻滑出。用定家流假名零散写上原文的方法，应该是远州的独特创意。不过是一片竹子，却成了一件美妙无比的艺术品。石州茶勺虽说也是极具魅力的高品位茶勺，但远州茶勺中凝聚了更高雅的趣味。看来远州将自己书法家的特点活用在了茶勺套筒上，每个细节都能管窥到他的创新之处。五岛美术馆中收藏的远州茶勺比较独特，没有和歌铭文，却记录了这把茶勺的由来。当时远州要去江户，途中路过骏河的清见关时发现了好竹子，于是便削制成了茶勺。

在"二战"时期的空袭中，我深深感受到了远州茶勺的妙处。当时我疏散到松永安左卫门先生的别墅，就是埼玉县入间郡的柳濑山庄。在空袭愈演愈烈的情况下，完全没有人从东京前来，就连松永先生也感觉无聊，于是邀请我参加了一对一的茶会。尽管宾客只有我一人会有些不太满足，但也没办法。那天正好是一九四四年的除夕。空袭始于十一月前后，当时的东京已是千疮百孔。那个除夕夜，在柳濑山庄的三叠台目茶室"久木庵"，松永先生邀请我一边听除夕钟声一边品茶。那次使用的茶勺就是远州茶勺，还带有铭文"暗火"。这并不是从古歌中选取的和歌铭文，而是远州自作和歌中的一句。他那首自作的和歌，用定家流的假名写在了茶勺套筒上。茶事之后我曾仔细欣赏，发现上面是这样写的：

年末残月挂星空，夜半暗火略残留。

在空袭中，日本逐渐成了一片焦土。就在这所有的一切都被烧毁的时候，还是除夕，只有我和松永先生二人，在久木庵静悄悄地享受着茶事的乐趣。当时我感觉，在安静的山庄庭院的某个角落，残留着的暗火正在悄悄闪烁着燃起。如若置之不理，那些暗火就会逐渐扩大，最终变成大火，烧毁整个山庄。当然，遭遇空袭也会导致这样的结果，但即使没有遭到空袭，我感觉山庄也会因为这些暗火而被彻底烧毁。然而我又感觉，暗火会自然消失，山庄也能平安无事。我总是担心，危险的暗火会忽明忽暗地残留在某处。那一晚，我回到临时住处，和家人一起就寝后，依然惦记着茶勺上的和歌铭文，久久不能入睡。总感觉在山庄的某处，暗火会在深夜里忽燃忽灭。我记得松永先生也说过，那是一首好和歌。的确，那是远州自己创作的和歌，作为茶人的和歌，它非常出色。而那柄茶勺，现在好像已经捐赠给了东京国立博物馆。

八 远州和茶道

最后谈一谈远州的茶道精神。《远州随笔》充分体现了他的茶道精神，在此介绍一二。比如："只要真心款待，粗茶淡饭亦是好。"这句话强调了款待客人时主人心诚的重要性，"如若主人缺乏诚心，就算有急流之鲶，水底之鲤鱼，亦索然无味。"意思是说，即使拿出急流中的鲶鱼、水底游的鲤鱼等各种珍奇美味，如果款待客人时主人的诚心不够，同样无济于事。就算只有一碗白米饭，只要真心诚意，客人也能感受到主人的厚意，也会心情舒畅、满意而归。这就是大艺术家远州的主张。我们受邀参加茶会，有时会感觉非常不愉快，有时则会心情舒畅。从主人的立场出发，大多只会考虑如何提供美味，完全不会考虑客人的真实感受。如果将主人自己的喜好强加于客人，无论有多少美味，都不会真正让客人满意。我认为，这就是茶道。远州的话确实有道理。

织部的弟子中有位叫大薮新七的武士。有一次为了款待老师，他准备了各种山珍海味，还计划做仙鹤汤。知道此事之后，新七的亲戚、族人都非常担心，前一天便蜂拥至他家。终于到了茶会的当天，老师织部大驾光临。新七的族人和弟子们都来围观，他们想看一看，新七会在什么时候以怎样的方式端上准备好的仙鹤汤，也想看看新七的主人风范，特别是想亲眼目睹茶道名人古田织部的客人风范，因此一直耐心等候。然而，织部来了之后，新七只是敬上一杯淡茶，杂谈片刻，织部便施礼告辞了。不要说仙鹤汤，连其他的美味也没有派上用场。围观的人们大失所望，认为主人太过分了，好不容易准备的美食却没有端上来。同时觉得客人也有问题，怎么能喝一杯淡茶就高高兴兴地走了呢？于是失望的人们向新七询问原因，新七回答："师父织部连日来一直忙于伏见的茶事，又受到各地大名的邀请，已经吃尽了山珍海味。现在再端上仙鹤汤也没什么意义，所以只敬上了一杯淡茶。"有人又问："既然如此，为何还要准备仙鹤汤？"新七回答："为了款待客人，该做的准备还是要做的，所以准备了仙鹤汤。"后来新七去织部那里时还受到了称赞，说他的茶艺大有长进。由此看来，只要主人待客诚心诚意，即使没有任何美味也无关紧要。

我认为这才是真正的茶道。织部、远州的这些教诲至今依然能够打动我们。其实现代人的本质和古代并无太大差异。在茶会中，最重要的还是人心，并不是说只要在气派的茶室里摆出美味款待客人就可以了，也就是不能流于形式。古田织部、小堀远州继承了利休流的茶道精神，他们在重视人心方面做到了极致，对此我深有感触。

第四章

茶道的普及

宗旦和石州

在前面的第三章中，以"茶道的发展"为题，讲述了织部和远州。在织部之前，日本一直处于乱世的战国时代，诸位茶人尽管身处乱世，却能坚守自己的艺术和茶道，真是拥有非凡的气魄和毅力。而从小堀远州开始，天下逐渐太平，和平时代的艺术家们也以各自的方式取得了艺术成就。在本章中，将以"茶道的普及"为题，围绕宗旦和石州展开。宗旦，就是利休的孙子千宗旦，以"侘"茶闻名于世。石州，指同属利休茶道派系的大茶人片桐石州，既是石州流派的创始人，也是德川四代将军家纲的茶道老师。这两位茶匠基本处于同一时代，即元禄①之前的江户初期。从日本文化史的角度看，元禄时代相当于日本的文艺复兴期。当时天下太平，但文艺复兴并非突然出现，而是之前处于乱世的艺术家们对艺术长期追求和努力的结果。在此期间，日本一流或二流的艺术家们在各个领域都有突出表现。

在茶道方面的代表人物是千宗旦和片桐石州。由于千宗旦的祖

①江户初期的年号，从 1688 年至 1704 年。

父千利休过于接近丰臣秀吉等权势者，结果下场凄惨，被秀吉勒令切腹，利休的子孙也因此成了罪人，家族一度没落，幸而千家后来东山再起。利休的孙子宗旦为了不再重蹈利休的覆辙，没有担任将军家或大名家的茶头，而是作为民间茶师，向世人普及利休传下来的千家茶道。另一方面，片桐石州接替小堀远州成了德川将军家的茶道老师，向将军、大名、将军直属武士、将军家臣等人普及茶道。千宗旦和片桐石州都是在普及茶道，但普及的阶层不同。不过，在将利休的茶道发扬光大这一点上，二人完全一致。

一　千宗旦的一生

千宗旦是千利休的次子少庵的长子。还有一种说法，认为他是利休的长子道安的儿子。但宗旦的三子即表千家的继承人江岑宗左后来成了纪州德川家的茶头，并受纪州德川家之命编写了《千家系谱》和《千利休的来历》，其中明确记载宗旦是千少庵的长子。宗旦于万治元年（1658年）去世，享年八十一岁，是位长寿之人。他有很多名字和雅号，宗旦是他的茶名，因为他字元伯，所以也可称他元伯宗旦。除此之外，还有咄咄斋、今日庵等称号，其中，"今日庵"取自他隐居后建造的著名茶室——今日庵。

宗旦的少年时代在京都的利休宅邸度过，因种种缘由，十岁左右被寄养在紫野的大德寺，跟随大德寺第一百一十一世住持春屋宗园和尚修禅。因为年少，宗旦主要负责给众多的僧人端饭倒茶。在寺院中干这种事情的人被称作"喝食"，一般由年轻僧侣担任。日语中的"乞食"一词就是由"喝食"演变而来，因为不仅要负责给僧人们端饭倒茶，还要进行乞食修行，也就是为了得到众生恩惠，站在别人家门前乞求食物。这在佛教中是重要的修行之一。除此之外，还要念经、坐禅、作诗、读书。宗旦少年时代的修行，对他日后在茶道上的作为产生了深远影响。他深受大德寺春屋和尚的喜爱，被称作"旦少年"，后来从喝食升任为管理寺庙所藏经文的藏主，所以又被称作"旦藏主"。

在祖父利休遭受处罚之时，宗旦年仅十四岁，整个家族都受到了牵连。因此，利休的儿子道安、少庵从京都逃到了地方城市。据说利休的长子道安当时逃到了飞驒的高山，次子少庵逃到了会津若松，被蒲生氏乡藏匿了一年半。在此期间，少庵为氏乡设计建造的茶室，至今依然保留在会津若松市，是三叠台目茶室，名叫"麟阁"。虽然利休一家离散，家产被没收，但在德川家康、前田利家的努力下，到太阁秀吉晚年时，利休被赦免，千家再次兴盛。与此同时，千家在京都小川、寺内上、本法寺前被赐予了土地，也就是现在表千家与里千家的家元所在地。宗旦与祖母宗恩(利休的继室)、父亲少庵及母亲住在一起。特别是对千家的继承人宗旦，秀吉还下令归还了一度被没收的千家茶具，据说共有两大箱。

千家再次崛起之后，宗旦的父亲少庵下定决心绝不服侍权贵。因此，尽管德川二代将军秀忠曾想聘请少庵担任五百石俸禄的家臣，却遭到拒绝。少庵将家督①之位传给儿子宗旦，自己隐退到了京都嵯峨的西芳寺，建造了著名的茶室湘南亭。少庵在六十九岁时去世，当时宗旦三十七岁，伯父道安也已过世。很快，丰臣氏灭亡，德川时代到来。

二　千家十职的起源

宗旦在历史上究竟留下了哪些功绩呢？首先要提到的就是，他让当时的优秀工匠制作了自己喜欢的茶器，并让那些工匠的子孙代代传承了这项工作，奠定了"千家十职"的基础。千家雇佣的工匠根据工作内容将茶具分成几类，并让后代继承传家手艺。千家十职与千家的茶道家元一直延续至今。奠定千家十职基础的正是宗旦，只不过"十职"并非全部始于宗旦时代。其中特别著名的是制作纸胎漆器的飞来一闲，此人原是归化人②

①家督，或称当主，是指在东亚的父权制度下，家庭中政治和经济的支配者。
②指古代从中国、朝鲜半岛去日本的人，日本古代当权者因自视为世界中心而产生的用语。

（好像工匠之中归化人居多），原名飞来才右卫门，后来得到名号"一闲"。所谓的"纸胎漆器"，是指在木制品上贴纸封固并上漆的手工艺品，现在被大家所熟知的是纸胎漆器的桌子。不过，这项工艺原本主要用来制作茶叶罐。飞来一闲的子孙至今已传承了十四代，是千家十职之一。

另外一位名人，就是作为乐烧家元而被大家熟知的乐家。乐家的初代是长次郎，只是在长次郎的时代并不叫乐烧，而是叫今烧或新烧，从二代吉左卫门长庆开始称为乐烧。宗旦非常关照第三代的吉左卫门道入，他在宗旦的指导下烧制的茶碗叫Nonko。

Nonko 茶碗的特征主要有两点：一是烧制时采用了幕釉①技术，二是铭文"楽"中的"白"变成了"自"。Nonko 虽是俗称，但此名来自宗旦。宗旦赠给道入一个双重竹制插花器，上面写有铭文"Nonko"，道入非常珍惜此物，总是随身携带，后来大家开始称他为 Nonko。当然还有其他的说法，这只是其中之一。另外，宗旦手下还有漆器工匠中村宗哲，他制作的宗哲枣形茶叶罐天下闻名，中村家也是世代相传的千家十职之一。

---

①从茶碗的碗口到碗身涂上两三层彩釉，看起来就像是垂幕。

三 三千家的成立

　　宗旦的另一个功绩就是成立了三千家，这在当时具有极大的政治意义。从宗旦开始，千家分成了三千家。宗旦的长子被逐出了家门，剩下的是次子宗守、三子宗左、四子宗室。首先是宗旦的次子一翁宗守。众所周知，此人曾担任四国赞岐的高松藩松平家的御茶头，后来他辞去了职务并隐居，在京都的武者小路建造了茶室官休庵，官休就是辞官之意。这就是官休庵千家。从地理位置上看，由于在京都的武者小路有宅邸，也被称作武者小路千家。

　　其次是表千家的不审庵。不审庵原本是利休的茶室，先传给了少庵，后来传给了宗旦，宗旦又传给了三子江岑宗左。由于不审庵是利休传下来的茶室，便成了千家最具代表性的茶室，如今成了表千家的茶室。宗旦将不审庵传给三子宗左后，又在不审庵的北侧后方建造了今日庵茶室，后来将这个茶室传给了四子仙叟宗室。由于今日庵建在表千家的茶室不审庵的后面，因此被称作里千家。宗旦将今日庵传给宗室后，又在其后建造了又隐茶室。

　　于是日本就形成了三千家：不审庵——表千家，今日庵——

里千家，官休庵——武者小路千家。三千家子孙世袭，直至今日。说到宗旦壮年时期的功绩，应该非此莫属。

四　宗旦的茶室

从宗旦对茶室的喜好可以分析他的茶道特点。宗旦的茶室现在仅存三座，其中最著名的是今日庵，这是里千家的代表性茶室。茶室大小是一叠加上一台目，比利休作为"侘茶"理想的极小茶室（一叠半）的面积大一些。台目是一张榻榻米的四分之三，比利休的二分之一要大一点。但不管怎样，其内在精神完全相同。不懂茶道的人可能会感到不可思议，为何专门挤进那么小的房间里促膝品茶？正如我前面多次强调的，大型茶会与"数寄屋"茶事的区别，就在于主客之间的心灵接触。在宽敞的房间里招待许多客人，很难实现心灵沟通，而在狭小的茶室里款待很少的客人，就能够很好地进行心灵交流。如果是一叠加上一台目的茶室，客人一般在三人以下，甚至一个人都可以。这样一来，主人与客人之间很容易实现心与心的沟通。如果是大型茶会，大家表面上安静地坐着，其实根本不知道各自内心在想些什么。对主人说的话也是心不在焉，心里也许正想着结束后去银座逛街。如果在狭小的茶室里这样走神的话，从眼神中就能看出来，宾客就不敢轻易走神。所以，使用狭小的茶室的目的是为了让宾客集中精力，并非出于好事专门模仿穷人。

我曾在里千家的家元淡淡斋宗匠的带领下参观过今日庵。尽管后来也曾去过，但仔细参观的只有那一次。茶室的确非常小，但在那么小的空间里却充满了独具匠心的微妙创意。房顶是单坡的木瓦板，下座方的墙壁是粗抹的墙，茶室内有柱子，屋顶就是房顶的内侧。一般茶室的屋顶都是房顶的内侧，尽管有人感觉像工棚，但只要看一眼今日庵的屋顶，就会发现房顶内侧本身极具美感。从屋内来看，房顶的倾斜度非常巧妙。狭小的茶室在设计时充分考虑了通风、采光等因素，能保证日光微微照入。还有许多窗户，如推出式窗、枝条编格窗等。夏天如果打开后面的拉门会更凉快。总之，处处能体现出设计者的创意。据说茶室主人曾向外国人介绍过茶室的特点，对方极为钦佩："在如此狭小的穷人陋屋般的小房间中，竟包含了这么多创意，茶道真是了不起。"的确，我越是仔细观察，就越是惊叹于其中的巧妙设计。可以说今日庵充分体现了利休钟爱的一叠半茶室的"秘事"。所谓"秘事"，实际上是要保密的。建造这类狭小茶室的要领、秘诀、点茶要领，都要作为"秘事""秘传"传给后人。普通人是不能进入这样的茶室做茶事的，如果不是继承了茶事秘传的名人，就没有资格在那里举行茶事活动。当下的茶人却随意在那种地方品茶，说实话，我感觉他们太鲁莽了。当然，即使不是今日庵，无论哪里的茶室，小都不意味着好操作，要做好茶事需要高难的秘诀。那么，怎样的人才有资格在这类茶室里做茶事呢？首先要通过面试和调查，判断合适之后才可以。我想肯定有人认为需要非常精细的技艺，其实并非如此，关键是心境，要有"侘"的精神。彻底保持这种精神是首要前提。即使腰缠万贯，即使点茶技巧高超，也并不意味着能在小茶室里做茶事。如果不是拥有彻底"侘"精神的茶人，是不能够做"侘"茶事的。

关于今日庵名字的来源，有着各种说法，还有一个很有趣的故事。据说有一天，大德寺高桐院的名僧——清严宗渭来宗旦处游玩，碰巧宗旦不在家。实际上清严禅师是受邀而来，宗旦却不在。清严禅师先是等了一会儿，见宗旦迟迟不归，就在茶室纸隔扇上写下"贫僧懈怠，明日不可期"几个字，然后就回去了。意思是说，慵懒懈怠的和尚未能与您相见，暂且告辞，但不知明日会怎样。宗旦看到这几个字后说："明日不可期，唯有今日。"于是将茶室命名为今日庵。还有一种说法，在表千家不审庵的茶室介绍中有一句话："不审花开，今日之春"，不审庵中的"不审"和今日庵中的"今日"皆取自于此。究竟哪种说法正确，我也无从判断。

宗旦在将今日庵传给四子仙叟宗室后，又一次隐居并建造了茶室，这便是又隐茶室名字的来源。这座茶室有四叠半大小，是宗旦四叠半茶室的典型代表，形状非常规整，建于今日庵之后。在里千家还有一座茶室，名为"寒云亭"，是宗旦喜好的大茶室，有六叠大，又被称作"柳之间"。房顶是舟底形，分为真、行、草三段①。我去参观寒云亭时，曾有幸与里千家的淡淡斋宗匠面对面交谈，还看到了那扇著名的拉门，上面有狩野探幽②绘制的左右手颠倒的画，对此将在后面详细讲述。言归正传，评论界一般认为寒云亭不太能体现宗旦茶室的特点，但在我看来，这座茶室虽然大，但光线昏暗，给人一种"侘"之感，非常奇妙。我曾将自己的感受讲给淡淡斋宗匠，他对此很赞同。寒云亭尽管造型"侘"，却很宽敞，给人一种自然的"侘"之感，让我留下了深刻印象。相比又隐茶室和今日庵，我个人更喜欢寒云亭，或许这只是外行人的浅薄之见。

另外，在日本还有三处宗旦喜欢的茶室，尽管尚不能确定是否由宗旦建造。其中我最熟悉的，就是曾多次受邀参加茶事

---

①屋顶的天花板分为三部分，设计模式各不相同，分别对应着不同位置的茶席。具体而言，贵人茶席之上为"真"，随行人员的茶席之上为"行"，主人自己点茶的上方为"草"。

②狩野探幽（1602－1674），日本江户初期的画家，幕府的御用画师。

的久木庵，它位于松永安左卫门（耳庵）先生的柳濑山庄，现在依然在埼玉县所泽市的坂之下，原本是藤堂家的家老土岐二三的茶室。据松永先生说，到了明治时代，这座茶室归满铁总裁山本条太郎所有，后来又转让给了松本先生。松本先生将条太郎的"条"字分成两部分，起名"久木庵"。此茶室为二叠又一台目，非常狭小，但地理位置优越，在柳濑山庄之内，而柳濑山庄就位于脱离俗世的武藏野的自然丘陵之上，是将杂木林砍伐之后建造的。很多人都去过这座茶室，从第二次世界大战中到战后，松本先生曾在这里频繁款待各界名流，藤原银次郎、小林一三等实业家，还有长谷川如是闲、德富苏峰等文人，这些在明治、大正、昭和历史上留下印记的著名人物，都曾到过这座茶室。柳濑山庄共有三座茶室，宗旦喜欢的久木庵是其中的主茶室。

五　宗旦的茶道

宗旦的茶道经常被称作"侘茶"。他的著作中较为著名的是《茶禅同一味》，又名《茶禅录》，但经过细致研究会发现，这也许并非宗旦的著作。假借宗旦之名写的书相当多，而《茶禅同一味》的内容很有道理，绝对值得一读，只是很难断定它是宗旦的著作。详细考证需要大量时间，所以我暂且把它搁置到一边。

宗旦在当时被称作"乞食宗旦"，这也是没有办法的事情，因为他小时候曾是喝食。宗旦的茶道风格彻底贯彻了"侘"的精神。金森宗和①被称作"姬宗和"，"姬"在日语中是公主的意思，因为他像公主一样喜欢有品位的茶道。与之相反，宗旦有不少难听的外号，除了"乞食宗旦"，还有"脏宗旦"，估计这是因为宗旦穷困潦倒。不过，如果坚持"侘"精神，就不会以贫穷为苦。宗旦好像还有不少债务。在有钱人看来，宗旦表现得极为吝啬，不了解他的人就会诋毁他是"乞食宗旦"。另一方面，宗旦在当时又非常有名，这从故事《宗旦狐》中可以看出，后来甚至出现了附有"宗旦狐"铭文的茶碗。这个故事说，在京都的相国寺内住着一只老狐狸，到了晚上就会变成宗旦的模样去各处参加茶会，大家都知道这是一只狐狸，却都热情相迎。现在听来，这是个让人感觉莫名其妙的有趣故事。之所以流传着这类关于宗旦的传说，应该也是从"乞食宗旦"的叫法中派生而来，总之，这佐证了宗旦的"侘茶"是多么出名。

现在日本人的生活水平大为提高，但以前的生活水平非常低。究其原因，并非因为日本这个国家贫穷，主要是因为人们

---

① 金森宗和（1584－1656），日本江户初期的茶人，茶道宗和流的创始人，喜好美丽而古雅的情趣。

不懂该如何开发国内资源。虽然日本当时有丰富的资源，人们却过着贫穷的生活。现如今，是资源匮乏而生活奢侈，但在古代，则是资源丰富却生活贫困，甚至很多人自称"乞食"。在优秀的学者和圣人中也有一些奇人，若无其事地称自己为"乞食"。像宗旦这样的人竟是利休的孙子，我对此非常感兴趣。

宗旦到了晚年，他的儿子们开始活跃在社会各界。次子宗守是高松藩的御茶头，三子宗左是纪州家的御茶头，四子宗室成了加贺藩前田家的御茶头。这样一来，宗旦一家的收入逐渐丰厚，宗旦的晚年生活也富裕了起来。宗旦并不讨厌富裕的生活，并留下了一些狂歌①和俳句表达当时的欣喜之情。比如他七十一岁时作了一首充满希望的俳句："唯有切旧根，花方能繁盛，京都之春。"再看他七十五岁时作的一首庆祝节分②的狂歌："赶出穷神，成为德人，七十五之老翁。"意思是说今后要赶走贫穷之神，成为有钱之人。"德人"也可写作"得人"，指有钱人，并不是指德高望重之人。对宗旦来说，自己虽然有名，但并没有做官，而是作为普通百姓在自由广阔的天地中尽享茶道的乐趣。但儿子们与自己不同，宗旦尊重他们的意愿，让他们自由发展。正是因为让儿子们走上仕途，才奠定了今日三千家的基础。

---

①以滑稽、谐谑为宗旨的短歌，取材、构思、用语均不受限制。
②指立春、立夏、立秋、立冬的前一天，但主要是指立春的前一天。

另外，还要补充一点。我们在研究历史时，历史人物本人的著作是最为重要的资料。然而，宗旦的书一直以来都比较难懂，甚至让他有了外号"读不懂的宗旦"。他的书生涩难懂是大家公认的。宗旦留下的著作现存各处，表千家的家元那里就有不少，比如他的日记、亲笔信等，只是目前尚处于整理阶段。其中一部分经常作为《宗旦特集号》，以照片的形式登载在茶道的相关杂志上。据说和即中斋[①]宗匠关系亲密的肥后和南先生，曾到表千家的家元那里翻阅过不少宗旦留下的资料，但他认为内容太过艰深，需要进一步整理。问题在于，家元手中的资料一般人无法轻易看到，很难作为研究材料。但我相信，终究有一天会有人对这些资料进行整理，从这一点上说，宗旦的研究还存在很大的空间。

六　宗旦的交友

宗旦虽是"侘"茶人，但交友广泛，包括僧侣、皇族、各种女性、艺术家、大名等。僧侣中除了大德寺的清严禅师，还有著名的泽庵禅师、金阁寺的凤林和尚等；皇族中有建造桂离宫

---

①即中斋（1901－1979），表千家第十三代家元。

的八条宫智忠亲王；女性朋友中，有德川二代将军秀忠的女儿、后水尾天皇的皇后——东福门院，还有近卫应山；艺术家中有本阿弥光悦、小堀远州、松花堂昭乘，以及前文提到过的乐道入、飞来一闲等人；大名中有稻叶正则，他是拥有山城淀十万石俸禄的大名，并因拥有稻叶葫芦形的茶叶罐而闻名。和以上这些人的交往，表明宗旦并非只是单纯的遁世者，他在坚持"侘"精神的同时，也在不断扩大交际范围。有趣的是，在石州的著作中出现了批评宗旦的话，详细情况将会在后面讲到。作为一个社会人，宗旦确实有一些会引发指责的缺点，但作为独立的个体，他又是一位能够始终坚持自己生活方式的纯情之人。

七 宗旦的轶事

关于宗旦有这样一则故事。宗旦有一位叫山田宗偏的弟子，是宗旦门下的四天王之一，也是宗偏流茶道的鼻祖，深得宗旦的喜爱。宗偏的茶室"四方庵"位于京都的鸣泷，有一次宗偏要在这里招待本愿寺的高僧。宗旦非常担心，坐立不安，最后带着千家祖传的南洋水瓶和高丽火筷子亲自从今日庵赶到鸣泷。等他到了宗偏的四方庵，发现水屋的设备齐全，毫无疏漏，这才终于放心。

随后他干脆坐在水屋里观察弟子宗偏的行动。这时高僧驾到，宗偏有条不紊地按步骤献茶。宗旦一直在水屋里侧耳倾听，宗偏每完成一个步骤，他就松一口气，全部结束后，师徒二人手拉着手喜极而泣。如果这件轶事是真的，说明宗旦是一位性情中人，宗偏也是如此。可以想象，宗旦并非仅仅是位茶道名人。

另外，由于宗旦是崇尚"侘"精神的茶人，所以他与小堀远州、片桐石州等担任将军茶道老师的茶人关系不好。据说他曾向小堀远州提出忠告："最近茶道流于华丽，能否控制一下华丽之风，尽量让利休居士的茶道得以复归？"远州辩解道："正如您所说，贯彻'侘'精神确实是茶道之核心思想，对此我也明白，但世间之茶道日趋奢华，对此我也束手无策。"说完之后又送给宗旦一个银制茶勺，宗旦马上在茶勺套筒上写了"水屋用"三个字，表示绝不在茶席上使用。从这个故事可以看出，宗旦是位非常有骨气的茶人，坚持贯彻"侘"精神。后来这个银制茶勺传到了益田钝先生手中。

还有前面提到过的寒云亭的著名拉门画，关于这幅画流传着一个有趣的故事。狩野探幽年轻时去宗旦处游玩，被领到了茶室寒云亭。当时寒云亭刚刚建成，拉门上是空白的，没有任何图案。年轻的探幽跃跃欲试，特别想在拉门上画点什么，但宗旦有点看不上这位年轻的僧人，所以没有允许他画。有一天探幽又去拜访宗旦，恰逢宗旦不在家，于是瞅准机会，兴致勃勃地在空白的拉门上画了一幅"醉八仙"，就是八位仙人喝酒的画面。可还没等他画完，宗旦突然回来了，探幽一下子慌了神，把一位仙人的左手和右手画反了。探幽成名后，他画的那幅"出错的拉门"也跟着出了名。现在它依然保留在寒云亭，去里千家仍然能够看到。或许是因为当时的社会风气比较悠闲，无论画家还是茶人，和现代人相比都更富有人情味。

八　宗旦的喜好

与宗旦相关的轶事还有很多，以后有机会再讲。最近有些茶釜展览会展示了一些宗旦和利休喜好的茶具，其中宗旦喜好的四方茶釜比利休喜好的四方茶釜线条要柔和。另外还有布团茶釜，比利休喜好的圆形茶釜更加低调。茶架中，有飞来一闲的一闲圆桌。插花器具中，有钓船形竹制花瓶"丸太舟"，就是将竹筒横过来，像圆木一样使用，做成吊式花瓶。茶叶罐中，有绛红色涂漆①的宗旦枣形茶叶罐。

---

①绛红色涂漆法：先将底层涂的红漆用木炭摩擦，再涂上透明漆或梨纹漆，最后涂成红黑色。

宗旦喜爱的茶勺前端左侧偏低，却有种美妙的平衡感，其形式体现出了所谓的"侘"之美。"侘"，实际上是存在某些不足的姿态，如果用具体的形式表现出来，就会呈现某种缺憾。如果是彻底完美的东西，就失去味道了。在绘画领域，就是指余白。在音乐领域，指的是余韵。这些都相当于茶道中的"侘"。日本艺术所追求的目标，是东洋式的精神表现，比起完美的形式，更崇尚未完成的不完美形态。这来源于日本人对神与人的认识，大家认为神佛是无所不能的，而人类是不完美的，人类世界也是不完美的。"侘"精神就是基于这样的世界观和人生观，也就是佛教"诸行无常，会者定离"的世界观。无论"侘"还是"寂"，都是这种缺憾美的体现。

九　宗旦的流派

宗旦的门人之中，除了著名的山田宗偏，还有杉木普齐、藤村庸轩、松尾宗二，这四人被称作宗旦门下的四大天王。其中，杉木普齐是伊势的神主、普齐流的创始人；藤村庸轩是庸轩流的创始人；松尾宗二是松尾流的创始人。因此，宗旦流派又进而分成了宗偏流、庸轩流、普齐流和松尾流。普齐流并不为大家所熟知，而宗偏流在北镰仓的明净寺有家元，至于庸轩流，我曾见过一两次这个流派的老师，他们都保持着"侘茶"的传统。另外还有松尾流，现在在名古屋依然有家元，有着悠久的历史传统，始于武野绍鸥的高徒辻玄哉。不难看出，至今依然存在的千宗旦"侘茶"流派之中，势力较大的全部出自宗旦的四大天王，他们都彻底贯彻了"侘茶"的精髓。

十　片桐石州的茶道

　　以上用了大量篇幅讲述千宗旦，关于片桐石州，我尽量简单扼要地说明，或许会存在不详尽之处。宗旦通过他门下的四大弟子，向普通百姓推广了"侘茶"。与宗旦不同，片桐石州向德川将军家、大名、旗本及其他有势力的武士阶层推广茶道，这就是石州流。在石州流之前，大名的茶道是远州流。现在去地方上的一些原为城下町的城市，如果问当地人最古老的茶道流派是什么，一般都会回答是远州流或石州流。这是因为在城下町，茶道是传播给贵族和武士阶层的，将军家的茶道流派传给各藩的大名也是理所当然的事情。因为江户时代是封建社会，所以大名会模仿将军，家老会模仿大名，家臣会模仿家老，最后町人和僧人会模仿家臣。就这样，在江户时代，远州流和石州流的势力遍及全国，千家及其他的流派根本无法与之抗衡。如果去地方城市调查这些史实，就能很清楚。因此，一些人认为远州与石州的茶道是历史最为悠久的茶道。

里千家和表千家，确切地说是最近才发展起来的流派，至少在地方上是这样。进入昭和时代之后，里千家开始在地方上举办"淡交会"，这才逐步发展起来。现在，随着里千家、表千家的不断发展，远州流和石州流在地方上逐渐衰落了。特别是石州流，虽然片桐石州的弟子们很厉害，又分成了几个流派，不过他的直系子孙并不活跃，核心流派已经衰落，故而整体势力较弱，有的地方甚至已经失传。我家的先祖就是石州流。我父亲的老家在越后的新发田①，片桐石州的高徒怡溪和尚在此地开创了怡溪派，新发田的大名沟口侯就是越后怡溪派。江户也曾经有过怡溪派，但几乎已经消亡。我母亲的祖辈原是江州②彦根的井伊③家，那里也是石州流派，因为将军家的茶道是石州流派。井伊大老受其影响，也是石州流派的茶人，还著有《茶汤一会集》，我母亲便是井伊家的掌门人，艺名宗观。

---

① 新潟县东北部的城市，原本是大名沟口的城下町。
② 近江国的别称，今滋贺县。
③ 江户时代的谱代大名，近江彦根藩主。

十一 石州的茶道经历

片桐石州，原名"贞俊"，后来改为"贞昌"。官居从五位下，是石见①长官，石见国别称石州，因此得名"石州"，是著名的片桐且元②的侄子。片桐且元的弟弟叫贞隆，即石州的父亲。石州实际上是桑山宗仙的弟子，而桑山宗仙是利休长子道安的弟子。也就是说，石州吸收了道安流派中的元素。据说石州从小喜爱茶道，跟随桑山宗仙学习，几年后就精通了利休传承的茶道奥秘。后来石州接替父亲片桐贞隆成了大和③与河内④两国的大名、大和小泉的城主，领取一万六千四百石的俸禄。大和的小泉位于郡山附近，是现在的片桐町，在那里有片桐家的菩提寺，即著名的慈光院。石州的茶室就在那里，有书院风格和"数寄屋"风格两种。

二十几年前，我回大阪的途中曾和一位朋友在大和小泉下车，参观了慈光寺。书院式茶室确实好，庭院更是引人入胜。

①旧国名，今日本岛根县西部。
②片桐且元（1556－1615），安土桃山时代的武将，跟随丰臣秀吉，贱岳七本枪成员之一，后归服德川家康。
③旧国名，今奈良县。
④旧国名，今大阪府的东部。

那座庭院位于能俯瞰整片大和平原的高处，放眼望去，景色优美，仿佛整座庭院与大和的自然风景融为了一体。在两个茶室中，主茶室是非常好的"数寄屋"，茶席的中柱独具匠心。一般茶室的中柱会专门设计成弯曲的样式，但慈光院主茶室的中柱只在靠近屋顶的位置弯曲，感觉非常自然，丝毫没有故意弯曲的痕迹，就像庭院与自然融为一体一样，让人感受到一种真正的"侘"与"寂"的韵味。从中柱的设计中，似乎能感受到石州的喜好。

石州在延宝元年（1673 年）去世，享年六十九岁。回顾他的一生，虽然也是武士，却并不像古田织部那样驰骋沙场，也不像小堀远州那样是处理事务的官员。小堀远州是建筑奉行，石州则被任命为关东郡奉行，负责视察东海道一带的水灾地，不过他也曾担任过建筑奉行。用现在的话说，石州是位有着学者风范的官员，因此和纵横于千军万马中的武将不同，他的茶道风格缺少织部那样的豪迈，而是富含着与远州类似的高雅情调。如果比较远州茶勺和石州茶勺，就会发现，远州茶勺独具匠心，用斑竹、油竹等特殊的竹子细致打磨而成，茶勺套筒上还刻有和歌铭文，非常漂亮，堪称技艺精湛的艺术品。而石州的茶勺上没有和歌铭文，看似普通，却也富有光泽，品位高雅，甚至经常被误认成远州的茶勺。究其原因，这与石州的生活环境密切相关，他曾经担任将军家的茶道老师，并与皇族、大名等显贵人士交往甚密。

但石州的茶道具有两面性，在追求极致方面，利休茶道的"佗"是他的理想状态，但在茶事的具体步骤及礼仪上，他又顺应大环境而添加了自己的创意，使之适合大名、将军、贵族、皇族等达官贵人。远州当然也是如此，向大名们普及茶道和向普通百姓传播茶道，这种两面性的现象并非始于石州，而是茶道固有的。将两方面巧妙结合在一起的正是利休。利休并非是只坚持"佗"的茶人，他曾侍奉信长、秀吉等权势者，为了满足权势者的要求，也曾对茶道进行过各种改革。

十二　石州的茶风

在著名的《石州三百条》中，石州详细规定了茶事的做法。除此之外，还包括了书院式茶室的装饰方式、贵人点^①等内容。总之，此书并未介绍民间流行的"佗茶"，而是详细规定了适合贵宾的茶道规则，堪称这方面的杰作，并被弟子们代代相传。石州没有像宗旦那样严格坚持茶禅一味的"佗茶"，这应该与他

---

① 对身份高贵的人进行的点茶。

的身份有关，因为他是一年领取一万六千四百石俸禄的大名。众所周知，继远州之后，石州去江户谒见时，曾在德川四代将军家纲的强烈要求下，在将军御前展示点茶技巧。之后，他对"柳营①御物"——传到德川将军家的茶器（现在都是日本国宝级的重要历史文化遗产）进行了鉴定，并且制定了《石州三百条》。对当时石州的实力，将军家自不必说，大名们也惊讶万分。当时的大名中茶人非常多，但都自叹不如，异口同声地推荐石州担任将军家的茶道老师。于是他继三代将军家光的茶道老师小堀远州之后，担任了四代将军家纲的茶道老师。

出于现实方便的目的，石州在茶道礼仪中加入了适合贵族的元素，但他同时认为茶道的极致还是要保持"侘"，所以才会有流传至今的《侘之文》。据此书记载，利休在茶器之中特别钟爱葫芦炭筐，认为葫芦是天生的"侘"之物，因为此物无法靠人工制作出来。在做茶事时，如果某位茶人偏爱茶器，说明他只注重外形，而真正的茶人更注重内心。如果特别喜欢把玩漂亮的茶器，说明此人并非了不起的茶人，真正的茶人会从精神层面获得乐趣。这里所说的精神层面，是指人与人之间心灵的交汇。正如我多次提及的，理解客人的内心，真心款待客人，

---

① "柳营"一词源自中国汉代周亚夫屯军细柳筑军营的故事。后指将军的军营、幕府。

这才是茶道的关键。如果单纯把玩茶器，只能算是玩家。从根本上说，茶器并非单纯的艺术品，而是用来款待客人的现实所需的器具，和客人没有关系的茶器完全是多余的。

十三　石州的茶法

石州还在《石州三百条》中列举了一些简单质朴的茶器。比如釜，既可用于火炉，也可用于风炉。用葫芦作炭筐，挂轴是书法作品，而且按利休所说，最重要的是要用禅宗名僧的墨宝。茶叶罐尽管种类繁多，但只要有黑色的枣形茶叶罐就足够了。茶碗是乐烧，估计是道入（Nonko）茶碗。插花器用竹制花筒就可以了。

现在并不清楚利休一叠半茶事的具体做法，但其精髓传到了石州那里，并为后人留下了《一叠半的秘事》。通过此秘笈我们能够得知在一叠半的极小空间里举行茶事的方法，一叠半的点茶方式经过道安、桑山宗仙传给了石州。在一叠半这样狭小的茶室里做茶事，不是普通的茶人能够做到的。首先要判别是否是彻底坚持"侘"精神的茶人，只有符合条件的人才能得到秘传。石州在书中写道，从利休那里受此秘传的有五人，其中一人是石州的老师桑山左近太夫，也就是桑山宗仙。石州直接从宗仙那里得到了秘传。

据《一叠半的秘事》记载，在一叠半茶室的茶席上，客人为三人，绝不能超过三人。榻榻米选择琉球榻榻米就可以了，备后①榻榻米太高档。也没有必要专门建造壁龛，吊式壁龛就可以。再就是做茶事时必不可缺的三种器具：挂轴、茶叶罐和茶碗，其他的东西皆可省略。在这三种器具中，茶叶罐和茶碗可以理解，但为什么要有挂轴呢？因为挂轴是营造茶席氛围的重要物品，如果没有挂轴，只是单纯地大口喝茶，就不是茶道，就和喝咖啡没有区别了。正因为有挂轴，茶道才能成立。壁龛中的挂轴，是神佛存在的象征之物。因此，无论是书法作品还是其他，只要有挂轴就说明这里是茶室，是神圣的场所，在这种地方做茶事才是茶道。如果没有挂轴，就不能算作是茶道。因此，其他的东西可以省略，但包括挂轴在内的三种物品必不可少。挂轴是用纸装裱的，轴则是竹制的。如果是浓茶的茶粉，枣形茶叶罐要装在布口袋中，如果是淡茶，就不用装在布口袋中了。

《一叠半的秘事》中写道："茶碗，选择有裂缝的白高丽②或赤乐③，粘补好后使用。"因为有些茶碗是自然裂开，所以需要

---

①日本古代的令制国之一，今广岛县东部。
②日本茶道中一种常见的茶碗，由朝鲜传入日本。
③表面涂带铁的釉质，用红土在800℃左右的高温下烧制而成的一种瓷器。

修补好后再用。后来这种茶碗开始流行，以至于出现了人为让茶碗裂开的情况。另外，怀石定为一汤二菜。书中还提道："茶室为四方形，故特意使用圆形托盘。万事皆以此趣味为标准。"香盒用的是文蛤贝壳。书中涉及内容繁多，但最关键的是，挂轴要用纸装裱，茶叶罐用黑色的枣形茶叶罐，茶碗用自然开裂的，这就是秘笈。秘笈公开后，很多人会大失所望，认为没什么大不了的。但这些曾经都是绝密内容，只能传授给有资格的弟子。

　　有趣的是，《一叠半的秘事》中还有对宗旦的批评。石州认为，利休的孙子千宗旦为完成"侘茶"确实做过各种努力，却没有得到利休所传的五条秘笈。我认为这一记载非常有趣。利休有两个儿子，分别是道安和少庵，少庵的儿子就是宗旦，但利休的茶道秘笈没有传给宗旦，这样的记录对千家来说绝对是一大打击。大家会产生疑问，难道利休只把秘笈传给了道安，却没有传给少庵？不过，这种说法是否真实还有待确认。

　　总之，石州认为宗旦连五条秘笈都没有继承，更不用说一叠半的秘笈。因此，他批评宗旦的茶道并非真正的"侘"，而有太多的人为因素，书中写道："茶道界的前辈说，人为的'侘'非真正的'侘'，自然的"侘"才是真正的'侘'。"石州的这种观点很有味道，别人拜托我写彩纸的时候，我经常借用这句名言。书中虽然没有说所谓的前辈茶人具体指谁，但我认为应该是利休、织部、宗和、道安、宗仙等大茶人。书的结尾部分，还有一首非常好的和歌：

墙草摇摇雨落庭，草闲螽斯泛清音。

我十分喜欢这首和歌，它的大致意思是：庭院中避雨的蝈蝈飞过来，停在墙壁旁的草丛之中。现在在乡下还能看到这样的风景。原本在庭院草丛中的蝈蝈，为了躲避阵雨，停在了家中墙壁的小草上，这就是"侘"。石州在和歌之下写道："以上趣味，乃模仿桑山宗仙，诚惶诚恐。谨启，片桐石见守。"这就是他传授给弟子妙法院尧然法亲王的秘笈。

十四　石州的喜好

慈光院的本席曾是石州的茶室，是二叠又一台目。另外，大和当麻寺①的中之坊内也有石州的茶室，大小是四叠半，有贵人门和窝身门。据说是后西天皇行幸之际，石州为款待天皇建

①位于奈良县葛城市的寺院，建于 7 世纪。

造了这座茶室。在石州的庭院中，有刚才提到的慈光院的庭院，这里的庭院并非露地。露地分为外露地和内露地，关于露地的设计，石州曾提到，外露地要简单清爽，进入内露地后则要增添细腻趣味，这样才能给客人别样之感。另外，在茶釜中，石州喜好十二生肖茶釜。在茶釜的底纹上有十二生肖的绘画或文字，石州点茶时，会将与当年生肖相对应的绘画或文字冲向前方。石州还喜欢蛇腹状的插花器具，这种插花器具就像小田原灯笼一样，将一根竹子切成三十八片圆片，使之自然下垂，样子就像蛇的腹部，因此被命名为蛇腹插花器。此物现保存在大和的当麻寺，非常有名。前文曾提到，皇族和大名喜好的茶器，既有"侘"的一面，又有高雅风流的一面，具有较高品位。除了竹制插花器，枣形茶叶罐中的菊花罐（上面有小朵菊花四处飞扬的图案）、怀石料理中的餐桌等都体现了这一特点。

十五　石州的轶事

石州的轶事也有很多，最有趣的是他从大和的小泉去江户谒见的途中发生的故事。他在投宿的旅馆无意间看到一个尿壶，不禁大惊，马上让旅馆老板清洗干净，仔细鉴定，发现是茶具名器。石州出了人价钱将尿壶买下，并马上命令家臣将其毁掉。家臣疑惑，问为什么要故意毁掉花大价钱买下的东西，石州回答："这是非常难得的名器，如果有懂行的人发现其价值，完全可以作为气派的水壶使用，但这样是对人的一种玷污，我只能将它毁掉。"我认为这个故事体现出了大名出身的石州对茶道的独特认识。

十六　石州流的各派

石州的直系子孙现在终于中兴了，第十五代的片桐贞泰，在大和的小泉开办了茶室高林庵。由于是中途衰落之后复兴，因此被称作新石州。古石州在大阪城发展迅猛，作为大阪町人的茶道势力庞大。追根溯源，备后福山藩的藩士本庄当上了大阪城的守城武士，御城内的茶道便扩展到了町人社会，所以也叫大阪石州。再就是石州弟子的流派，有藤林宗源的宗源派、前文提到的怡溪和尚的怡溪派、伊佐幸琢的伊佐派、松浦镇信的镇信派、大西闲齐的大西派、大口樵翁的大口派、清水道竿的清水派、野田醉翁的野田派等。其中藤林宗源是石州的高徒，同时也是片桐家的家老；伊佐幸琢是怡溪和尚的弟子；松浦镇信是肥前平户的大名，藤林宗源的弟子；大西闲齐是石州的直系弟子；大口樵翁是大西闲齐的高徒；清水道竿是仙台藩的御茶头。伊达政宗的御茶头清水道闲是远州的弟子，第三代的道竿是石州的弟子，被称作"东京三杰"之一的里千家的铃木宗保先生，原本学习石州流清水派，后来转学里千家。野田醉翁是松浦镇信的弟子。还有著名的不昧派，创始人是云州的松平不昧，这个流派经常被称作不昧流，但确切地说，应该叫石州流不昧派。另外，还有野村休盛的野村派，野村休盛是秋田佐竹藩的御茶头。对这一派的研究尚不充分，据说它在秋田一带广泛传播，我打算日后到秋田进行细致调查。

总而言之，和直系子孙相比，片桐石州的弟子中涌现出了许多优秀的茶人，派生出了许多流派，影响遍及全国。能够在全国范围内传播，证明了石州流既是地方各藩的大名茶道，也是以百姓为中心的茶道。所以，石州流很难最终统一成一派。如果组建里千家的淡交会之类的组织就另当别论了，但各派分散，很难处理。总之，石州流是历史悠久的流派，而这样的古老流派，其点茶一般也会非常繁琐。我曾有幸见过石州流的点茶，非常具有古风。里千家、大日本茶道学会、表千家、官休庵的点茶则较为简单。为了适应现代社会的生活节奏，这些流派的茶道已经简略成了现代模式。

与之相比，远州流特别是石州流，却还是原封不动地沿袭了古代传统的做法，略显复杂。这样的茶道并不适合现代社会，很难让人记住，再加上这些流派并不擅长宣传，所以有逐渐衰败的趋势。因为这也是我祖先的流派，所以我感到非常遗憾。具有古代传统风格的石州流能够重现江户时代茶道的样子，能让人产生怀古之情，所以我希望石州流派的茶道能够保留下来。

最后要说的是石州流的怡溪派。这个流派在会津广为传播，其家元是我前面提到的蒲生氏乡的茶室"麟阁"的拥有者——森川氏。据说麟阁是千宗旦的父亲少庵奉蒲生氏乡之命建造的茶室。现在，这座茶室的拥有者是会津若松市一家药店的老板森川先生。我在十几年前去拜访的时候，他的夫人尚在人世。这位夫人是从江户时代传承下来的石州流怡溪派的家元的女儿。森川夫人在年轻时就继承了茶道秘笈，但是到了现代，几乎没有留下一位弟子，不知不觉中已被里千家和表千家取代了。我去拜访时，森川夫人已经赋闲，聊天的过程中她突然提出为我点茶，并告诉我，她在十七八岁的时候就继承了茶道秘笈，以前的茶道学习非常严格。森川夫人为我点了薄茶，同时跟我开玩笑道："最近点茶水平越来越差，都忘记了。"当时我们就是在少庵喜爱的麟阁茶室品的茶，这给我留下了深刻的印象。

总之，自宗旦以来，千家的"侘茶"在平民百姓中得到了广泛普及，而吸收了利休长子道安流派风格的片桐石州，由于成了将军家的茶道老师，奠定了在幕府、将军、各藩大名、旗本等武士阶层之间普及茶道的基础。

第五章

茶道的规范化

不昧和不白

第四章以"茶道的普及"为题，讲述了千宗旦和片桐石州。其中，千宗旦是千利休的孙子，因"侘茶"而闻名。片桐石州吸收了利休长子道安的流派风格，并开创了石州流。之所以将宗旦和石州放在一起，是因为宗旦是不侍奉大名的在野茶人，是自由身份的隐者。与之相对，石州曾经担任德川四代将军家纲的茶道老师，是大名茶人。两人的茶道风格迥异，前者面向平民阶层，后者专为将军、大名教授茶道。不过，他们在这两个阶层中都为普及茶道做出了巨大贡献，我认为都很伟大。

　　第五章以"茶道的规范化"为题，所谓的茶道，原本应该形式自由，甚至奔放自在。利休时代对茶道的追求，就是希望打破阶级间的差异。换言之，茶与香、花等物品相同，原本是供奉神佛之物，后来开始为人所享用。因此，茶道应该遵循佛教的精神。佛祖释迦牟尼毫无偏见地普度众生，没有任何阶级意识，都是基于大慈大悲的精神，这也恰恰应该是茶道的精神。正是基于此，利休在珠光之后对以往具有阶级意识的茶道进行了平等改革。

比如，古代茶室的入口分为贵人门和窝身门。将军或大名等所谓的贵人从贵人门进出，随从们则要从窝身门进出。利休同样废除了所有茶室的贵人门，无论将军还是大名，大家都要从窝身门进出。尽管这只是茶室入口的改革，却在一定程度上消除了人与人之间的不平等。

再就是"雪隐"，最初分为"饰雪隐"和"下腹雪隐"。其中，"饰雪隐"是贵人专用厕所，"下腹雪隐"是随从们使用的厕所。利休同样废除了这种差异，一律使用"下腹雪隐"。"饰雪隐"变成了装饰物，不再使用。之所以会这样，从根本上说，还是因为利休基于阶级平等的精神对茶道进行了改革。

洗手的地方也发生了变化。之前的洗手池分为两种，分别是贵人洗手用的台面较高的洗手池，以及供随从们使用的蹲踞。出于阶级平等的精神，利休将所有的洗手池全都改成了窝身门附近的蹲踞。

利休对茶道的改革主要基于佛教众生平等的精神。利休死后，千家在江户时代再次复兴，利休的儿子道安、少庵，以及孙子宗旦继承了他的这种精神。但后来，茶道逐渐分为了大名茶和町人茶两种不同的类型。而且，无论大名茶还是町人茶，都逐渐淡忘了利休的精神和茶道标准，出现了迎合近世封建社会格调的茶道。

与此同时也产生了自由品茶的倾向，这就是煎茶。爱好煎茶的多为文人，这应该是对德川封建社会日益规范化的茶道的一种抵抗。关于煎茶，我会在后面详细介绍。在本章中，主要探讨进入近世之后，为何会产生武家茶，民间为何会产生家元制度，茶道为何开始规范化，以及武家茶的代表松平不昧和平民茶道的代表川上不白。

一　近世封建社会的成立

　　茶道在德川时代开始变得规范化，但这并非德川当政之后突然出现的现象，究其源头，应该是从丰臣秀吉平定天下开始。在此之前，日本处于乱世时期，国内战乱不断，弱肉强食，根本没有一部全国通用的法律，即所谓的无法时代。正因为是那样的时代，不仅缺乏能主宰天下的当权者，连天皇也成了傀儡。后来，织田信长、丰臣秀吉这样的统治者靠平定乱世脱颖而出，信长在本能寺被打败，秀吉在其基础上最终改变了群雄割据的局面，实现了统一。

　　秀吉统一天下之前的日本长期处在无法规约束时代，缺乏社会秩序，而这恰恰成就了茶道的秩序。正因为社会处在无秩序时代，人们才会更加强烈地期望和平，自然产生了建立规范的茶道标准和精神的目标。而确立这一目标的人，正是利休。

如果细究利休茶道真正的精神，似乎会令人感到有些模糊不清，实际上他的精神非常明确——身处乱世之中，要努力在茶道世界建立和平的秩序，以此抵抗世间的无秩序，这就是利休的精神。为了建立这种和平秩序，珠光、绍鸥、利休都做出了努力。他们虽出身于町人阶层，但在乱世时期，并没有明确区分町人、百姓和武士等不同阶级。丰臣秀吉平定天下后，马上施行了《刀狩令》和农田丈量，才逐步形成了各种身份制度，町人、百姓和武士的差异开始产生。

如果武士没有武器，就无法维持天下的秩序。僧人只须念经，百姓只须持锄头耕田，町人只须做生意，这些人不可拥有武器扰乱国家秩序。也就是说，各类身份的人必须各行其是，不能有违身份，这就是身份制度。到了德川时代第三代将军家光的时候，士农工商的身份制度得以最终确立。

士农工商身份制度的基础是儒教精神。正如孔子所说，每个人都要做与身份相符的事情。如果行为超越了自己的身份，不仅会导致国破家亡，同时也会导致自身的毁灭。所谓与身份相符，说到底，就是町人要有町人的样子，武士要有武士的风范，这就是封建社会的秩序。此前一直以佛教思想为基础的茶道，到了江户的封建社会后，被强行以儒教的方式进行解读。这就是利休没落的直接原因，也是堺城凋落的间接原因。从此，自由的茶道思想被统制，走上了规范化的道路。

在信长、秀吉的时代，"天下第一"的称号得到了公开承认。在抹茶的茶碗上，如果刻有"天下第一"的铭文，就说明那个茶碗拥有天下第一的美称。也就是说，只要擅长某一领域的技能，就可以拥有"天下第一"的称号。这是信长、秀吉推出的新政策，其目的是为了最大限度地发挥每个人的才能，充满了自由色彩。出于这个原因，天下第一茶釜制作人、天下第一榻榻米工匠、天下第一磨镜师等层出不穷，平民阶层的优秀技术者们纷纷得到了认可。

千利休被丰臣秀吉赐予了"天下第一茶人"的名号，所以利休作为秀吉的茶头，不仅有三千石的俸禄，还被公认为天下第一。利休着手改革的茶道理论，或者说茶道标准，皆以天下第一为目标，需要不断精益求精。因此，当时立志于茶道的人纷纷学习利休，立志成为天下第一的茶人。而所谓天下第一的茶人，实际上就是茶道名人。

《山上宗二记》是利休所传播的珠光流茶道的秘笈，书中明确规定了成为茶道名人的资格。第一，必须是"茶汤者"；第二，必须是"茶道爱好者"；第三，必须拥有唐物的名物茶器，即"唐物所持"；第四，必须"专于此道"。这类茶道名人在一个时代只会出现一位，此人就会被称作"天下第一茶人"。

在上述的四个条件中，想成为"茶汤者"本身也需要条件。首先，必须"擅长茶汤"，比如擅长点茶，擅长举办茶会等。其次，要懂得鉴赏，能够分辨茶具的优劣。再次，能"以茶汤度日"，即通过教授茶道度日，作为茶道老师度过一生。这才是"茶汤者"。另外，所谓"茶道爱好者"，不一定是茶道老师，但要有坚定的意志，富有创意，还要在茶道方面留下一定的功绩，这才称得上"茶道爱好者"。

如果不具备"茶汤者""茶道爱好者""唐物所持""专于此道"这四个条件，在利休的时代就不会被称作茶道名人。无论是"茶汤者"还是"数寄者"，都必须有相应的资格。这是经过珠光、绍鸥、利休三代反复研究，最终设定的标准。

然而，这些标准随着武家社会的成立而崩溃。到了江户时代，士农工商身份有别的封建制度确立，在幕府的权威下，利休流茶道的标准很快遭到了破坏，可以说，利休受到处罚也是必然的结果。关于利休受到处罚的原因有多种传说，但最关键的，是因为秀吉平定天下后建立了封建社会秩序，身为堺城一介町人却高居茶头位置的千利休，其行为让人感觉与身份不符，而"茶道名人""天下第一"的称号也让世人无法接受。换言之，以往利休作为茶人试图打破阶级权威的思想遭到了全面否定，因此他被勒令切腹。或者说，利休成了众矢之的。利休出事前后，津田宗及、今井宗久，以及利休的第一弟子山上宗二等堺城茶人纷纷失势。归根结底，还是因为世人无法容忍他们作为堺城町人，竟然想成为天下第一的茶人。如果不这样做，丰臣秀吉就无法建立封建社会的身份制度，也不能维持天下太平。于是在封建社会的身份制度确立的同时，和平的社会秩序也勉强得以确立。

二　武家茶的开端

茶道首先出现在寺院和市町，后来逐渐传播到武家。到了江户时代，基于士农工商身份制度的确立，武士阶层开始成为社会的代表，因此迫切需要形成所谓的武士流茶道，或者说大名茶道。据《古田家谱》记载，利休死后，秀吉曾对利休的高徒古田织部提出要求："利休之茶为堺城的町人之茶，你乃战国武士，务必将其改为武家风格之茶。"我认为这也是情理之中的事情。

在以武士为中心的社会里，是无法容忍町人的茶道横行于世的，所以，无论如何都要推出大名茶，并将其作为茶道的代表。利休的町人茶遭到否定，他所制定的茶道标准也随之被推翻。但是，即使身处这样的社会，曾师从利休的茶人们之间依然流传着珠光的秘笈——《珠光一纸目录》。据《山上宗二记》记载，

《珠光一纸目录》是珠光向能阿弥学习茶道时的笔记，主要记录了鉴别名物茶器的方法。它分为两部分，首先是分条目写的名物茶器的名称，其次是"茶汤者必修十则"，可以说是自珠光以来一本纯粹的日本茶道秘笈。此书从珠光依次传给了鸟居引拙、武野绍鸥、千利休，后来又从古田织部那里传给了片桐石州。但是，从那之后，利休流的茶道秘笈却失传了。换言之，随着江户封建社会体制的强化，这类秘笈已失去了用武之地。

利休是实力主义者，对世袭制不屑一顾。所谓的世袭制，就是父子相传，秘笈由父亲传给儿子。利休不同，与自己的儿子道安、少庵和孙子宗旦相比，他更看重弟子古田织部，希望真正有实力的弟子继承自己的秘笈，这就是利休的实力主义。因此可以说，利休无视父子相传，却赞同师徒相传。

三　柳营茶道的诞生

随着德川幕府社会的逐步确立，茶事也逐渐流于形式，利休的实力主义完全变成了形式主义。想遵从实力主义，就会受到幕府的压制，天下第一的称号也被取消。从第三代将军家光的时候开始，天下第一的称号就遭到否定，如果不遵守江户封建社会的秩序，就会遭到处罚。

在此之前，利休的弟子古田织部担任了二代将军秀忠的茶道老师，在当时的茶人中还是相当具有权威的。不过，织部原本就是拥有三万五千石俸禄的大名，拥有权威也是理所当然。利休虽然只是领有三千石俸禄的町人，却比古田织部更有权威。即使是织部，当他在将军面前点茶的时候，二代将军还会亲自为他拿蒲团，由此看来极具威望。然而，在大坂战役的时候，织部因内通丰臣家遭到处罚，并因此没落，否则他的茶道应该会有很大的发展。

继承古田织部的是小堀远州和片桐石州。小堀远州是三代将军家光的茶道老师，在这个时期，茶头的权利开始受到限制。茶头出现在战国时代，确切地说，出现在织田信长时代。信长的茶头是今井宗久、津田宗及、千宗易（利休）三人。到了丰臣秀吉时代，共有八位茶头，称作"御茶头八人众"，八人之中位置最高的是利休，因此也用"御茶头"指代利休。

然而，在德川将军家，虽然也有茶头，但只负责茶道的事务性工作，真正负责指导将军茶事的人是茶道老师。由于小堀远州是古田织部的弟子中最有实力的人，所以他成了三代将军家光的茶道老师。

从这个时候开始，茶道的形式已经相当完备，但缺少内涵。

小堀远州选定了"中兴名物",并且备置了茶具鉴定书、题字、外箱、内箱等。如果观察远州"中兴名物"中的茶器会发现，很小的茶器被放在一个硕大的箱子里，反映出形式完备、内容空洞的特点。

片桐石州担任四代将军家纲的茶道老师，在宽永五年制定了《石州三百条》。有人认为此书并非石州汇总而成，而是由其弟子整理编制。在此书中，石州规定了柳营茶道即将军茶道的标准，制定了将军、大名、公卿、住持、庶民等不同阶层的茶事规则。由于《石州三百条》按将军家纲的意愿编制，所以本来师承千利休的石州却将茶道阶级化，茶事的做法、礼仪、茶器样式和点茶方式都带上了浓厚的贵族色彩，并根据客人身份的不同改变了接待方式。甚至连壁龛的挂轴装裱和茶人的服饰，都会根据阶级的差异而不同，以前并非如此。石州的茶道可以说违背了利休打破阶级差异的思想。但如果遵循利休的理念，就会遭到幕府的压制，绝无出头之日。为了顺应社会潮流,石州也是不得已而为之。

四　封建制度下的茶道观

茶道的思想也逐渐顺应了德川幕府的政治理念，从佛教式的茶道观转向了儒教式的茶道观。以"数寄者"的资格为例，在利休的时代要求有坚定的意志，富有创意，还要在茶道方面有所建树，总之要求的条件非常单纯。然而，利休七哲之一的细川三斋在《传心录》上却写道："所谓优秀的'数寄者'，是在各尽其职的基础之上谈茶论道者。"也就是说，茶道的前提就是先做好自己的分内之事。如果是大名，要管理好所辖领地内的政事；如果是町人，要精细打理各自的生意；一个家族要朝夕和睦相处，亲密无间。各司其职之后才有资格从事茶道，绝不能一味沉迷于茶道。由此可以看出，"数寄者"的涵义发生了巨大变化。

大德寺的僧人清严禅师在《茶事十六条》中也明确提到，要从事与自己身份相符的茶道。片桐石州的茶道秘笈中则写道："如若大名模仿'侘茶'，则与身份不符。要明确各自身份，万事谨慎行事。"也就是说，做茶道必须与各自的身份相符，大名的茶道就要体现出大名的特点，不可以模仿"侘茶"。总而言之，要在绝对不能打乱江户封建社会秩序的前提下做茶道。有位叫杉木浦斋的人，是宗旦的弟子，原本应该是"侘"茶人，但他也同样极力主张做茶道必须与身份相符。

松平不昧年轻时，著有随笔《赘言》，其中也写有类似的话："大家都要各司其职，依此治国则有助于安邦利民，茶道之本意在于知足，茶道之作用在于令众人知足。只有明白各自之本分，才是人之根本。"用现在的话说，这就像是道德教育。这样的思想在江户时代的确会受到欢迎，但却与利休树立的茶道精神背道而驰，因为利休将无阶级差别的佛教精神作为了茶道的根源。

另外，石州的高徒藤林宗源在著作中写道："公卿、僧侣、武士、农民、町人，首先要各尽其职，修身治家，这样才可称为茶人。"

也就是说，进入江户时代后，对茶人的定义发生了巨大转变。在利休时代，忽略阶级等所谓人与人之间的差别，而是以服务神佛的精神从事茶道，并精益求精，故而能够平等地热情接待所有的人，这才是真正的茶道精神。然而，这种精神逐渐被遗忘，取而代之的是家元制度的建立。

五　家元制度的建立

我在这里简单介绍一下家元制度的形成过程。在以将军、大名为中心的武家社会，茶事变得极其规范化。与此同时，在学术领域，适合封建社会的儒学、汉学、吸收了林罗山流派的林家朱子学等成了政治上的指导思想，因此儒学家、汉学家在社会上极受重视，各藩争先恐后地聘请优秀的儒学家作为政治顾问。根据将军的命令，所有藩县皆以儒家的道德观念进行管理，结果使茶人完全丧失了权威，茶头的待遇也是每况愈下。利休曾有三千石的俸禄，但到了江户时代，这已成了不可实现的虚幻梦想。就连超级大名的茶头最多也只有三百石的俸禄，而这已经是很高的待遇了。通过进一步调查发现，会津藩松平家的茶头只能领到一石加两人份禄米^①的俸禄，这是相当过分的。我曾在会津调查发现，拿十石俸禄的大有人在。可以想见，随着茶头待遇的降低，他们自然也就失去了权威。

在这样的社会，产生于町人阶层的茶人必须要开创出一条生存之道。按士农工商的顺序来说，武士和大名最有权势，但由于他们属于消费阶层，随着社会的逐步安定，他们的经济状况开始陷入困境，特别是到了元禄时代之后，经济上的支配权已经被町人阶层夺取。各藩的大名经济窘迫，家老们只好低三下四地向大阪、江户一带的町人们借钱。这样一来，尽管表面上大名和武士威风凛凛，实际上却在町人面前抬不起头来。茶人们抓住了这一点，力图依靠町人雄厚的经济基础建立一种町人茶道，这就是所谓当世流的茶道，其中心就是三千家。

众所周知，由于千利休与丰臣秀吉等权势者关系过于亲近，最后被勒令切腹，家产被没收，一家人流离失所。幸亏后来在

---

①日本古时武士领取的俸禄，江户时代规定每人每天的禄米是糙米五合。

德川家康、前田利家的周旋下，秀吉晚年利休被赦免，千家再次兴盛。不过，无论是利休的次子少庵，还是少庵的儿子宗旦，为了不重蹈利休的覆辙，都没有成为将军或大名家的茶头，而是以隐士茶人的身份度过一生。到了后来，宗旦的儿子们将千家一分为三，或许是受当时政治状况的影响，宗旦的次子一翁宗守（即武者小路宗守，现官休庵的创始人）成了四国赞岐高松藩松平家的茶头，宗旦的三子（即表千家的不审庵宗左）成了纪州德川家的茶头，宗旦的四子（即里千家的今日庵宗室）成了加贺藩拥有百万石俸禄的前田家的茶头。说到这里，大家也许会想，千家的子孙最终还是做了大名家的茶头，其实不然。他们虽是大名家的茶头，却不用一直住在大名的领地内。一般而言，如果是四国高松藩的茶头，就要一直住在高松，如果是加贺藩前田家的茶头，就要一直住在金泽。千家却不同，他们住在京都，只是偶尔去大名的领地。当然，这也许与茶头的待遇差有关。但对大名而言，特别希望千利休的嫡系子孙能担任茶头，交涉之后的结果是，他们可以偶尔去大名的领地，剩下的时间住在京都，向町人们传授茶道。就这样，依托京都、大阪一带町人社会的雄厚经济基础，町人茶匠的地位逐步得以确立。除了三千家，宗旦的弟子山田宗偏、藤村庸轩等人也是如此，他们分别是吉田藩和伊贺藤堂藩的茶头，也是偶尔去大名的领地。由此看来，如果是技艺高超的茶匠，可以不对大名唯命是从，而是扎根于自己的居住地，以町人社会为对象谋求发展。这就是现代风格的町茶人，家元制度也由此产生，他们作为町茶匠得到了发展。

在京都，三千家和薮内家形成了京都四流，其中，上京的三千家被称作"上流"，下京的薮内家被称作"下流"，他们都是町茶匠。

据我本人的研究，薮内家的祖先并非京都出身，而是来自堺城。薮内家原本与堺城的千家是拥有同等地位的传统茶道之家，薮内绍智成为利休的弟子后移居京都，与千家的家元相互提携，成了町茶匠。据说薮内家有一封有趣的利休亲笔信——服侍在秀吉身边的利休感到各方面都不能如意，非常羡慕作为町茶人无拘无束的薮内绍智。这封信被称作"利休羡慕之文"，我曾经在展览会上见过，不过对其多少有些疑问。

疑点问题暂不讨论。在这样的背景之下，就形成了所谓的家元制度，这种属于市民阶级的茶道极具封建特征。看来町人也深受江户时代封建阶级观的影响，所以才会导致这样的结果。町人模仿武士阶级，并在此基础上建立了家元制度。

比较大名茶和孕育了家元制度的町人茶，可以发现，远州流、石州流等大名茶都是老师直接向弟子传授茶道精髓，而受家元制度制约的町茶人中，只有家元宗师才有颁发资格证的特权。也就是说，直接教授弟子的老师并没有颁发资格证的权利，现在的茶道也是如此。按照现在的体制，茶道老师只能逐一向家元领取资格证，否则就不能为弟子颁发资格证书，这与江户时代的家元制度没有任何区别。这种方式也是町茶人为了巩固自己的经济地位想出来的策略。

但是，远州流和石州流原本并没有这样的制度。远州流、石州流等大名茶的世界只属于各藩及大名领地。比如，仙台藩虽然属于小堀远州的流派，但与同属小堀远州的其他流派之间并不相通。与之相反，町人家元制度的茶道却可以推广到全国各地。无论到了哪个大名的领国，只要是在町人社会的范围内，三千家就拥有超越藩界推广茶道的能力。这正是町人茶的巨大优势。

此外，大名茶的对象仅限于武家社会，而像三千家和薮内家那样的拥有家元制度的町人茶则是依靠农民、町人等庶民阶层支撑起来的，并依靠弟子来巩固自己的经济地位。

除了家元，还有町内师傅。町内师傅具有教授弟子的权利，却没有颁发资格证的权利。在舞蹈领域有"名取①"，与茶道老

---

① 承袭艺名之人。在音乐或舞蹈领域，对达到一定技能水平的人赐予代表流派的名字，以此来维持家元制度。

师类似，是所谓的中间教授者，也没有颁发资格证的权利，只有家元才拥有这项权利。另外，家元为了从多方面巩固经济地位，充分利用了远州标注的鉴定签名、茶器铭文等，以此提高家元的权威，看来他们在各方面都做了不少努力。

六　松平不昧的石州流大名茶

我在前文讲述了进入江户时代后茶道规范化的原因，那么，规范化后的茶道变成了何种形式？下面将围绕代表武家茶的著名石州流茶人——松平不昧，以及平民茶道的代表——川上不白的茶道展开论述。

石州流是公认的武家茶、大名茶的代表，片桐石州本是大和小泉领取一万两千石俸禄的大名，后来成了四代将军家纲的茶道老师，因此将军茶道属于石州流，大名们也都成了石州流茶人。有不少人从远州流转成了石州流，其中最典型的例子就是仙台藩的伊达家。伊达家的茶头清水道闲本来是远州流，或许受当时风潮的影响，他的子孙变成了石州流，并自称石州流清水派。当然，这在封建社会也是很自然的事情。

石州流的茶人中较为著名的是松平不昧，他是云州松江的藩主，属于大名茶。他将茶道运用到政治理念中，成了史上著名的大施仁政的明君之一。他与水户光圀、米泽藩的上杉鹰山、备前冈山的池田光政等藩主并称为明君。松平不昧统治的城下町松江，现在发展成了松江市，虽然只是一个地方城市，却有着与众不同之处。我在二十几年前去过新潟县的长冈市，那里曾是牧野侯的城下町，不仅茶道盛行，人们的思想观念也很独特。像东京这样的都市，虽然可以说是知识分子的聚集地，但同时也有相当多的人总是盲目追求流行，难以区分他们之间的差别。长冈市却不同，这里聚集了许多与茶道有关的人士，他们在此认真钻研茶道，进行茶器研究，甚至还有人制作自己的茶碗，让我们这些来自东京的人大为吃惊。看来城下町的氛围就是不一样。

无论是会津还是其他地方，都能感觉到这类明君的施政痕迹，而且直至今日依然保留着浓厚的传统文化氛围。比如说松平不昧施政的松江藩所在的岛根县，即使在今天，岛根、鸟取一带的茶道普及程度依然很高，据说女孩子如果不懂茶道就无法举办结婚典礼。这大概是因为那里曾有松平不昧这样的大名的缘故吧。

松平不昧的手下有一位叫朝日丹波的家老，非常优秀。甚至有人认为，不昧能够成为明君，就是因为在朝日丹波的指导下改善了藩政，殖产兴业，修建工程、开挖运河、拓展贸易，在各方面都取得了非凡的政绩。

松平不昧在年轻时就是位大茶人，最初跟随三斋流的茶道老师志村三休学习，三斋流是由利休七哲之一的丰前大名细川三斋创立。之后师从石州流伊佐派三世的半寸庵伊佐幸琢，二十岁时已经得到了台子点茶的真传，掌握了石州流的精髓。他还学习禅宗，跟随江户麻布天真寺的大颠和尚参禅，他之所以叫"不昧"，据说取自《无门关》中的"不落不昧"。

松平不昧二十岁时著有《赘言》一书。在书中，他从封建君主的立场出发，极力倡导修身、齐家、治国、平天下的茶道精神。我认为这并不是坏事，只是将茶道用于政治，与茶道原本的精神相违背。

不昧大概是受了《南方录》的影响。《南方录》是著名的茶道书籍，社会上流传说是利休的秘笈，但实际并非如此，我认为它只是假借利休之名。《南方录》中表现出的茶道观极具儒家色彩，一看就知道是江户时期的作品。我认为《南方录》在很大程度上影响了不昧的《赘言》。

不昧通过改革藩政，极大改善了藩内的财政状况，于是开始收集名品茶器，并撰写了长达十八卷的巨著《古今名物类聚》。此外，不昧曾为各类书籍添加注释，如《濑户陶器滥觞》和《石州三百条》等。其中，《一叠半的秘事》最能体现不昧晚年的茶道观。《一叠半的秘事》原本记录了利休传下来的茶道思想，不昧为其添加了注释："《一叠半的秘事》实际上只传下了形式，核心精神早已消失。利休认为，人与人以茶为媒介相互交流，并真心款待对方，这种精神本位的茶道必须在一叠半的小茶室内进行，这才是一叠半的真正奥秘。但这种人与人之间的深奥境界，最近已是极为缺失，《一叠半的秘事》只传下了形式。"在松平不昧的时代既已如此，更不用说现在的茶道了。不昧还有其他著作，在此就不一一介绍了，下面我介绍一下不昧的庭院。

在不昧的庭院里，最著名的是云州松平家的家老有泽家的别墅——菅田山庄，不昧时常来此狩猎。山庄中建造了茶室菅田庵，这是不昧在松江市内的茶室。

此外，在东京还有一座叫大崎园的庭院。不昧晚年时，在江户的品川高台得到了一块两万一千坪①的土地，他将此处作为自己的归隐之地，建造了庭院，并在庭院内修建了茶室和茶屋。真不愧是大名，能够建造如此豪华的别墅。遗憾的是，这些建筑在幕府末期被拆毁，现在只留下了庭院的平面图。

不昧作为大名茶人，充分吸收利用了利休相传的茶道理论，

---

①坪，源于日本传统计量系统尺贯法的面积单位。一坪约等于3.3平方米。

令人敬佩。此外，不昧的茶道实际上是石州流不昧派，是石州流伊佐派的分支，但因为他比较著名，因此也被称作不昧流。片桐石州是位杰出的茶人，但他的子孙中并没有特别出类拔萃的，因此，他将茶道精髓传授给了弟子们。在这方面，比起千家子孙世袭的做法，石州的做法体现了自由的实力主义，与利休的精神也是相符的。千家坚持用世袭制来传授茶道，这虽然是千家的缺点，但换个角度看也是优点。想要以封建时代的町人社会为基础发展下去，必须要有不容改变的规则，故而不得不选择父子相传这种形式。

七　七事仪式的制定

现在要介绍的是川上不白。他的茶道被称作不白流，其实原本是属于表千家的流派，确切地说，应该是表千家不白流。由于不白没有子孙后裔，于是传给了弟子，弟子的流派又分成表千家不白流和江户千家。之所以叫江户千家，是因为表千家的不白流来到了江户，故而以此命名，也就是俗称。不过，现在的家元分成了表千家不白流和江户千家两派。不白流在东京和关东地区依然兴盛，看来不白是位非常厉害的人物。

不白原是武士，是纪州新宫藩水野家的家臣川上五郎的次子，后来成了表千家七世——如心斋宗左的徒弟，并被授予了艺名宗雪。不白也是一位天才茶人，在他二十五岁的时候，就以表千家为中心参与制定了"七事仪式"。

所谓的"七事仪式"，包括品茶①、花月②、回炭③、回花④、一二三⑤、且座⑥、数茶⑦。其中，品茶源自南北朝时代及室町初期的斗茶游戏，通过饮茶判定茶叶品质。后来随着茶道的建立，斗茶游戏基本消失。但作为茶道的一种方式，斗茶以品茶会的形式保留了下来。利休改良了斗茶方式，使其变成了有品位的游戏。另外，在原有的基础上添加了加炭技术、插花技巧、回炭、回花等。表千家七世如心斋宗左和里千家的一灯宗室，还有川上不白等人一起制定了"七事仪式"。即使现在，大家在茶会中

---

①让客人先品尝两种茶，并告知茶的品名，称为试茶，然后再加入第三种茶，不说明品名，让客人猜出茶的品名。

②主人和四位客人为一组，传递背面画有花和月（或写有花、月字样）的折据，由传到"花"的人点淡茶，传到"月"的人饮用。

③轮流加炭。首先由主人将炉的底火烧旺，接着从正客开始按顺序交替加炭，目的是练习加炭的技术。

④主人和客人一起把花按顺序插在间隔成二格或三格的花架上，目的是练习茶室插花的技艺。

⑤对于主人的茶道礼仪规矩，客人们用带有香道具的十种香札进行评论。

⑥客人负责花、炭、香，主人及主人的助手负责点浓茶和淡茶。

⑦抽签品茶，客人不按座次顺序而按抽签顺序品尝主人点的茶。

也经常做"七事仪式",虽然这只是一种游戏,但也是修炼茶道的一种方式,"七事仪式"的产生完全符合当时的时代背景。

八 川上不白赴江户

不白师从表千家七世如心斋天然宗左,《不白笔记》便是他对师傅的口传做的笔记。用现在的话说,就是将老师的讲授内容记录在笔记本上。不白跟随老师如心斋学习茶道之时,将老师讲授的各种要点记录了下来。原本对师父的口授内容是不可以记录或评价的,但随着时代的进步,也开始允许做记录了,所以才会留下《不白笔记》,这是社会文明进步的一种表现。

在不白的著作中,还有一本《赠予啐啄斋的不白笔记》。如心斋向不白传授茶道时,他的儿子啐啄斋尚且年幼,因此他叮嘱不白:"等我儿子长大之后,你要将我传授的内容再传授于他。"因此,不白为了将恩师教导的茶道秘诀传授给恩师的儿子,倾注巨大精力撰写了《赠予啐啄斋的不白笔记》,里面详细记录了学习茶道的过程中需要了解的各类知识,如表千家的茶室不审庵的构造,庭院的结构、渊源及变迁,参禅对学习茶道的影响,应该如何学习茶道等等。

比较有趣的是，不白在书中讲述了啐啄斋称号的缘由。据书中记载，幼鸟为了从蛋壳里出来，会用嘴从里面啄壳，而母鸟会在外面啄同一个地方，双方步调一致，很快就能把壳啄破，幼鸟就能叽叽喳喳地破壳而出。幼鸟与母鸟互相啄蛋壳就是"啐啄"。同样的道理，只有师傅和弟子两人齐心合力，弟子才能成为一名合格的茶人。正是出于这层意义，如心斋才给儿子起了啐啄斋的称号。《赠予啐啄斋的不白笔记》对这类细节都有详细记录，由此也能看出不白的用心程度。当然，为人师的确需要具备如此的细心与诚心，值得我们尊敬。

不白后来去了江户。关于不白去江户之事有着各种各样的传言，有人说在如心斋宗左死后，不白遵照师父的遗言开始长住江户。也有人说不白虽然有才，却因违抗师傅被逐出了师门，这才逃到江户。现在也是这样，如果一个人做事与众不同，或是敢于创新，就会出现各种流言蜚语，甚至说那个人是不是疯了。不白也遇到了这种情况，不过凭这一点也可以推测他是位颇有见地的茶人。

通过调查研究发现，不白去江户之时，他的师傅如心斋尚在人世。也就是说，如心斋去世的时候，不白已经在江户了。因此，不白并非是在师傅去世五年后才去的江户，这些流言蜚语也就不攻自破了。

由于不白本身是位才子，说他背离如心斋，做过一些违背师傅教导的事情，也并非没有可能，但绝没有世人说的那么严重。即使是在江户，不白最初也是在传授表千家的茶道。表千家曾担任纪州德川家的茶头，尽管家元基本都住在京都，但在纪州德川家的命令下也要去江户参勤，有时要住在江户。所以表千家在江户也拥有门人。

如心斋去世后，他的继承人啐啄斋尚且年幼，于是这位新家元与表千家的门人之间一度失去联系，这让江户的町人们有些悲观。但已故如心斋的高徒不白正好在江户，大家的关系才又密切起来，从此江户的表千家又充满了活力，江户千家流也繁荣了起来。因此，虽说叫江户千家流，其实原本就是表千家流。

出于这个原因，不白在江户的弟子并不只限于町人，即使是町人，也大多是富商。当然，弟子中肯定也会有普通町人，但只有所谓的上层人物才会名留史册，剩下的人便不得而知了。如果将不白的弟子分类，可以按照皇族、公卿、寺院住持、大名、旗本、富商的顺序排列。富商有竹本屋孤云、京屋又兵卫、津清三右卫门等，大多是从地方上来到江户开店做生意的。町人们之所以能从地方发展到江户，主要还是参勤交代制①带来的结

---

① 又称参觐交代制。江户时代，幕府为管理大名而让他们来江户供职一段时间。1635 年三代将军德川家光的时候开始法制化，原则上一年在地方，一年在幕府，四月份为交接期。

果。诸国大名在江户都有宅邸，形成了主要的消费群体，极大地刺激了江户的商业发展。在这样的町人社会中，茶道开始盛行起来。

虽然正宗的茶道起源于京都，但不白的表千家町人茶比起专属将军、大名的石州流更容易被人们接受。另一方面，町人们拥有雄厚的经济实力，当大名手头拮据时，就会将一些名贵茶器卖给町人，从而使名贵茶器逐渐落入富商的手中。这样一来，京都、大阪、江户的町人中出类拔萃的茶人越来越多，特别是在江户，有许多这样的茶人。

不白的茶风、点茶方式等都来自如心斋的真传，一直保持着表千家的做法。现在一提到江户千家，人们就感觉和表千家有很大的差异，但它们原本是同一流派。至少在不白的时代，并没有因为来到了江户，就试图另立门派，与京都的家元对抗。只是由于所处的环境不同，经过岁月的冲刷之后，自然会有所改变。

确切地说，"江户千家"的称号是后人起的，最初并没有特别含义，只是表示这是传播到江户的表千家流的分派。由于当时是封建社会，很难进行翻天覆地的改革。即使在当今，要进行茶道改革也极为困难。不只限于茶道，舞蹈、歌舞伎、花道等拥有悠久传统的艺术都是如此。其中，花道相对比较容易，故而产生了极具近代风格的花道。但在格式或技术层面，插花与举办茶会有着天壤之别。

因此，打破既有规范相当困难，但这同时也具有促进各个流派独立发展的意义。我们不能以偏概全地判定大名茶不好，或是町人茶好。包括家元制度的产生，也存在其必然的原因，它主要是从实际出发，为了维护茶道势力而采取的一种方式。不过，在江户封建社会瓦解，进入近代社会之后，确实出现了不少批评的声音，认为不应该再保持传统的家元制度。但如果从形成过程考虑，也不能一概否定这一制度的存在。

第六章

茶道的近代化与现代茶道的模式

在第五章中，以"茶道的规范化"为题，围绕江户时代末期的茶人松平不昧、川上不白展开了论述。众所周知，江户时代建立了士农工商的身份制度，在那个时代，不允许任何人做与身份不符的事情。武士要有武士的样子，商人要有商人的样子，农民要有农民的样子，而所谓"该有的样子"，就是不允许脱离规定的生活环境。

武家社会等级分明，其他阶层也竞相模仿。在商人社会中出现了主从关系，就是主人与伙计的封建关系。在这种大环境的影响下，茶道领域也开始规范化。在战国时代，人们可以自由自在地做茶道，像千利休那样的堺城町人能够领到三千石的俸禄，成为秀吉的茶匠，尽管是一介町人，却能收天下的大名为弟子。而在江户时代，这种情况是绝对不被允许的。在这样的社会环境下，要想发展茶道，只能通过制定家元制度，来对抗武家社会的大名茶。也就是说，如果想成为大名的茶头，要么是千家的家元宗匠，要么是宗匠的儿子或高徒，总之要通过制定这样的规则来扶持茶人的势力。

在本章中，除了讲述从明治维新之后到现代，茶道界与此前的封建时代相比发生了哪些变化，此外，我还要对机械文明发达的现代社会中的茶道模式提一点个人的意见。从根本上说，茶道，即茶之道，从古至今并没有发生太大的变化。但是，茶事及茶会，终归要靠举办这些活动的茶人们来支撑。随着社会的变化，人们的兴趣和爱好也会随之改变，因此，茶道也不可避免地受其影响。下面，首先将以明治维新这一日本大变革期为界，讲述茶道界发生的变化。

一 明治维新与茶道界的变动

毋庸置疑,明治维新是日本历史上的巨大变革期。那么,和江户时代相比,茶道界发生了哪些变化呢?要讨论这个问题,首先要从江户时代之前讲起。茶道原本起源于佛教,但由于近世的封建社会重视儒家、轻视佛教,到了江户时代后佛教逐步走向衰落。在德川幕府的政策下,佛教衰败,儒家兴盛,茶人的社会地位也随之降低。在织田信长、丰臣秀吉的时代,茶匠在某种意义上也扮演着政治顾问的角色。比如千利休,不仅领导着茶道界,还会干预政治和外交。利休的弟子古田织部也深受江户将军家器重,享受很高的待遇,二代将军秀忠甚至亲自为他拿蒲团,当然,这也是因为他本身就是领取三万五千石俸禄的大名。不过,当时的茶人社会地位确实很高,甚至拥有指导政治和外交的权威。

然而，进入江户时代后，佛教衰弱，儒家盛行，林罗山以及林家儒学的社会地位大大提高。之前，信长、秀吉身边的茶人比儒者的地位高，但在德川时代发生了逆转，儒者的地位开始高于僧侣及茶人。与此同时，茶人的待遇也日趋低下。但即使如此，小堀远州、片桐石州等人作为将军家的茶道老师，依然能功成名就。他们俸禄虽少，但因为是大名，还是拥有很高的社会地位。但千家的家元宗匠被当作町人看待，在江户时代地位相当低，所以才制定了家元制度，以此来对抗武士的权威。远州流、石州流是将军茶道的代表，其中的高徒也分别成了地方上大名家的茶道老师。与之相对，三千家通过树立茶道的家元制度，勉强保存了势力。但一般的茶人待遇非常差，他们在幕府担任级别低的职务，负责茶事和茶器管理，地位与普通艺人相同，只不过负责招待客人。从历史上看，学者和艺人原本只是在宴席上为人助兴的"帮闲①"，在这方面，中国与日本截然不同。日本的学者和艺人原本只负责为权势者助兴，学者的地位之所以提高，是因为中国重视儒家和科学家的风潮影响到了日本。这种影响始于奈良时代，日本效仿中国，开始逐渐重视学者，但艺人受到的待遇与学者不同，地位始

---

① 在宴会上以陪酒说笑助兴的男性艺人。

终都很低下。

茶汤实际上是一种游艺，茶人一旦丧失了指导政治和外交的社会权威性，就会沦落为单纯的艺人阶层。在江户时代，并不从属于士农工商的艺人阶层，待遇越来越差，而且，越到幕末①待遇越差。据我调查，哪怕是会津松平藩那样的大藩，藩内负责茶事的僧侣也只有十石的俸禄。而规模小一些的中藩，负责茶事的僧侣只能领到一石加五人份禄米，真是太低了。堺城町人千利休，曾高居丰臣秀吉手下八人茶头之首，领有三千石的俸禄，这在江户时代看来简直是神话。随着社会的变迁，茶人的社会地位也在逐渐降低。

后来德川幕府垮台，随着王政复古、明治维新等政策的推行，在版籍奉还②、废藩置县等一系列措施下，大名不复存在，藩主及藩士也随之消失，取而代之的是华族和士族。原本能从大名或将军那里领到微薄俸禄或禄米的茶道从业者，从此陷入了失业状态，只能凭借自己的技能，作为町茶匠生活下去。但是，伴随着这一时代的到来，也迎来了茶道的新时代。

---

①指德川幕府统治的末期。
② 1869 年，明治政府为加强中央集权而实施的政策，要求诸藩主向朝廷返还土地（版）和人民（籍），成为废藩置县的前提。

二　文明开化和茶道

明治之后，日本步入了社会大变革的时代，以修正条约为目标，"文明开化"及"欧化主义"在社会上流行起来。如果不全方位效仿外国，日本就无法成为世界认可的文明国家。为了将江户幕末缔结的《安政五国条约》①修正为平等条约，日本必须全方位地效仿西方文明。

在这样的风潮下，人们无暇顾及具有悠久历史的传统艺术。不仅是茶道，花道、能乐等传统艺术全都受到冷落，茶道界迎来了极为艰难的不景气时代。由于茶道老师坚守之前的格式规定，一直在传授形式上的点茶，所以很难摆脱这种危机。时代发生了变化，人们需要转换思维，这看似简单，实则非常困难。因此，茶道在明治初年非常衰败。有一个著名的故事，说京都某位茶道的家元宗匠，在明治初期陷入了极度的贫困状态，连买豆腐的钱都没有。卖豆腐的人得知此事后，从他的宅邸前经过时，不再像之前那样高声叫卖，而是静悄悄地快步走过，由

---

① 1858 年（安政五年）日本分别与美国、荷兰、俄国、英国、法国签订的不平等条约的总称。又称《五国通商条约》。此条约在"亲善""友好"的名义下把日本置于半殖民地的地位。

此也可以看出，家元的生活窘迫到了何种程度。在"文明开化""欧化主义"等社会变革的影响下，几乎无人再想学习茶道。

但"文明开化"不同于"欧化主义"，而是一种合理的近代精神。在外国合理主义的基础上，并非丢掉所有传统的东西，而是经过独立思考，取其精华去其糟粕，这才是"文明开化"的精神。因此，茶道中难以舍弃的部分基于合理主义得到了认可。

明治六年，加藤祐一出版了著作《文明开化》，其中有对茶道的相关评论，以下便是书中的评论，我对其在茶道之前的能乐论述也一并进行了引用：

> 莫将古风一概定论为旧习，喜爱的人大可随意喜爱。比如能乐，纯属古风，本为消遣之事，却会让观看者昏昏欲睡，在时代瞬息万变的今天，能乐让人感觉节奏过于缓慢，故而没有多少人喜欢。但如若偶尔有人喜欢，能将此类古风传于世人，能让当今之人看到古代之风，亦有扩大知识面之作用。提到节奏缓慢，我又想起一事，再没有比茶汤更加缓慢的了，极具旧习之特色，然而，如若仔细琢磨，除了节奏缓慢之外，茶汤从整体趣味看，极富开化之意。究其原因，首先清洁茶室，仔细打扫庭院，连厕所角落都保证一尘不染，这样不仅符合神灵之愿，也避免了因

腐败之物损害健康，能更好地款待客人。客人无上下差别，无论华族还是平民，都能促膝亲切交谈。另外，被命名为"会席①"之食品，一品吃净之后才会再上下一品，能充分品尝味道，舍去排场，注重实用，避免了浪费，省去了交杯换盏之喧闹，只须喝干自己的那份。这与西洋料理的进餐礼仪不谋而合。看来茶道之关键除了要用心，更确切地说要符合自然之理。

《文明开化》的作者认为，茶道符合"文明开化"的合理主义，其缺点是节奏缓慢，点茶礼法太费时间。如果对这些缺点进行改革，即使进入了明治这样的"文明开化"时代，茶道依然是很好的艺术形式。但是，要对上述几点进行改革，需要新的创意和创作。创意与仿造不同，利休等人强调的是创意。我想到了明治五年（1872 年）在京都举办博览会之际，里千家第十一代家元玄玄斋宗室，因预料到会有很多外国游客，想到了"立礼式"的点茶法，也就是所谓的"椅子点前"。这在今天看来并不稀奇，但在此之前没有这样的点茶法。有人认为早在古田织部的时候，也就是在江户初期，就已有了"立礼式"；我也实际

①会席料理是日本代表性的宴请用料理，是宴席上所有料理的总称。源于室町时代的日本料理，成型于江户时代。

观摩过这类点茶表演，感觉这种方式还是后人想出来的。我认为"立礼式"最早出现于明治五年，实在难以想象之前就已经存在了。所谓"立礼式"，就是在点茶之时放置圆形桌子做"点茶盘"，主人坐在桌前；还要为客人们准备桌子"喫架"，客人们同样坐在圆椅上喝茶。现如今，各流派都有"立礼式"，我认为里千家的玄玄斋是推行"立礼式"的第一人，尽管无法断言之前绝对没有，但玄玄斋创立此礼法的说法得到了更广泛的认可，其他的说法并未引起关注。

三　家元制度的变革

在士农工商身份等级森严的封建时代，商人很难提高自己的社会地位。远州流、石州流等因是大名的茶道，因此具有很高的社会地位。而千家是町人的茶道，无论怎样努力挣扎，都会遭到蔑视。因此，他们只能建立家元制度，强调利休流的茶道家元为千家，并以此为起点扩张势力，除此之外别无他法。千家的家元分为了三个流派，即三千家。为了与千家对抗，其他流派也纷纷建立了家元制度。

明治之后，家元制度又发生了怎样的变化呢？从根本上说，在身份等级森严的封建时代，家元制度是为了巩固茶道家元的经济基础而创立的。因此，这一制度在创立的同时就得到了强化。在身份等级观念根深蒂固的封建时代，属于商人的千家为了普及茶道，与身份权威的远州流、石州流等武家茶流派对抗，通过建立家元制度来谋求地位的提升。千家的先祖是"茶道之神"千利休，具有崇高的地位，千家以此作为强化权威的策略，同时也是在封建社会中的自我防卫措施。通过不断分派，家元制度得以确立。在幕藩的武家茶中也出现了分派，虽然远州流并未如此，不过由于片桐石州的子孙并没有突出表现，石州的杰出弟子将石州流分成了多派，如藤林宗源的宗源派、怡溪和尚的怡溪派、伊佐幸琢的伊佐派等。也就是说，石州弟子中有实力者纷纷自立门户，然后又分属于各藩。为了与之对抗，千家创立了家元制度，并分成了表千家、里千家、武者小路千家，如若不是这三千家的子孙一族、直系弟子或高徒，便没有权威。千家通过这样的宣传来提高家元的地位，不过，前提是必须要得到世人的认可。

要得到世人的认可，宣传至关重要，千家主要利用町人阶层来进行宣传。在士农工商的身份制度中，町人阶层的身份很低，但经济逐步富裕了起来。在江户中期的元禄之后，各藩逐渐陷入贫困，家老们只好低声下气地向大阪、江户的町人们借钱。

在这种情况下，町人们表面上卑躬屈膝，实际上拥有雄厚的财力，势力强大。在町人社会中，也存在老板与佣工、师傅与学徒等封建等级秩序，因此，在茶道领域同样需要为家元的高徒或直系弟子赋予权威。通过这种方式，家元的直系弟子或高徒获得了很高的威信，并因此受到尊重，拜师学习茶道的人数也会增加，茶道老师的收入自然会提高。但是，是否是家元的高徒或直系弟子成了最关键的因素，而这并非单纯依靠实力决定。

茶道领域一般不是靠实力来决定地位，但至少在战国时代曾经有过这样的事情。我在第二章讲过，千利休和今井宗久曾在丰臣秀吉面前比赛点茶，但今井宗久由于手发抖，热水落在了天目茶碗的边缘，利休却沉着冷静，顺利完成了点茶，从而得到了秀吉的表扬。比赛的结果导致那些原本师从宗久的人都转到了利休门下。虽然不知这个故事是否完全属实，但至少可以看出，战国时代的艺能、茶道等都是拼上性命的实力对决。另外，从著名的世阿弥、能阿弥等人的能乐表演中，也能看出他们确实是在拼实力。与之相比，江户时代的艺能主要靠出身门第，以及士农工商的身份来决定高下。

到了明治之后，这种情况略有改观。江户时代出现了江户千家、大阪石州等流派，这是在町人社会内培育流派的典型例子。在茶道规范化的江户时代，尽管理论上认为"侘"是茶道的最高境界，但实际上，对于超越俗世，以低调谦逊的姿态点茶，并从中获取乐趣的"侘"茶人，真正给予高度评价的却是在乱世、在战国时代。回首茶道的历史，比较著名的"侘"茶人有京都的栗田口善法，此人根本没有茶具，一生只靠热酒用的铜锅来做茶事，珠光对他极为称赞。

　　珠光的徒孙武野绍鸥，曾对一位叫窗栖（宗清）的"侘"茶人赞不绝口。窗栖住在奈良春日山的山脚下，是竹艺名人，绍鸥和他关系甚密。包括利休，也是在与奈良子守的道六①以及山科②的别贯③等隐世"侘"茶人交往之后，才成为名人。要想成为茶道名人，不懂"侘"是不行的，如果只做俗世间的茶事，就会一事无成。只有通过与那些超凡脱俗、达到了茶道最高境界的人交往，磨炼自己的技艺，才能成为真正的茶道名人。这与木匠相同，如果没有积累足够的经验，就无法成为名人。茶道同样如此，如果不超越俗世，就无法成为茶道名人。利休之前的茶人都要经过严格的修行，或者参禅，或者与"侘"茶人交流，据说绍鸥就曾与窗栖同吃同住。然而，到了江户时代之后，这样的事情就像天方夜谭，"侘"茶人被当作乞丐对待，"侘"

---

①安土桃山时代的茶人，居住在奈良的子守神社附近，一边从事农业，一边钻研茶道，与千利休交往密切，通称子守道六。
②地名，位于京都市东部。
③战国时期到安土桃山时代传说中的茶人。

精神完全遭到忽视。据说利休曾经预言，自己死后茶之本道将会衰退，而世间的茶会反而会日益兴盛。这是《南方录》中的记载，不足以证明是利休所说，但我们不难理解他当时的心情。

另外，千宗旦的子孙建立了三千家的家元制度，杉木普斋、山田宗偏、藤村庸轩等人由于拥有宗旦四天王的身份，分别成了三河的吉田藩、伊贺的藤堂藩等各地大名的茶头。虽然他们成了茶头，却不会对大名唯命是从，而是更注重扎根于当地，以町人社会为对象谋求发展。即使自己隐退，也会推荐儿子担任茶头，看来他们同时考虑作为茶头发展自身的势力，这也是当时的茶人们出于生活所需的举动。在江户时代，只有奈良春日神社的神主久保长暗堂①和杉木普斋等人属于"侘"茶人，这些人的价值在江户时代逐渐失去了世人的认可。

在"侘"茶人的价值得不到认可的江户时代，茶道中所说的"侘"和"寂"也不受重视。据我调查，"侘"出现频率较高，无论是绍鸥还是利休，都大力提倡"侘"，却很少能看到"寂"。"侘"从南北朝到江户初期频繁出现，人们认为如果不能理解"侘"就不能成为茶人。而"寂"一词，到了江户时代才开始流行起来，我推测这是受了芭蕉的影响。

---

①久保长暗堂（1571－1640），江户前期的"侘"茶人。名"利世"，号"长暗堂"，通称权太夫，曾著有《长暗堂记》。

茶人之中最提倡"寂"的，应该算是片桐石州。石州留有著名的《侘之文》，还曾在《石州流秘事五条》的一篇以《宗关公自笔案词》为题的茶说中，专门论述过"寂"。石州认为"寂"的意思就是要与身份相符。石州本人曾是四代将军家纲的茶道老师，是封建社会的茶道大家，因此，他主张茶人要有茶人的样子，武士要有武士的风范，与各自身份相符的茶道才是"寂"。另外，松平不昧的随笔中，对"寂"也是如此解释的，他也认为大名要有大名的样子，町人要有町人的样子，做与自己身份相符的茶事就是"寂"。这种解释并没有错，早在《万叶集》中就曾出现过"寂"，跟在"老翁""少女"等词的后面，意思就是有老翁的样子，有少女的样子。估计这个词是由"相応び①"演变而来的。因此，石州与不昧的解释并没有错，但是，这种认为做茶事必须与各自身份相符，并将其定义为"寂"的解释方式，主要还是建立在封建思想基础上的。

总之，在这种要与身份相符的指导思想下，家元的权威得以维持。相反，若认为做茶道可以与身份不符，在江户时代就属于危险思想，这样的茶道老师也被视为危险人物。同样的道理，儒学、朱子学被认为是高深的学问，而同为汉学的老子和庄子

---

① 日语发音为 husabi。

的学说就被认为是反动思想。再比如，在大正初期以及昭和的战争时期，社会主义被认为是极其危险的思想。总之，只有迎合当时政治潮流的思想才是稳妥的，与之相反的思想就被视作危险思想而遭到镇压。在茶道领域，如果违背时代主流，就无法发展壮大，因此自然会去主动迎合主流思想。

明治维新之后，取消了士农工商的身份制度，成了四民平等的社会。不过，虽说是四民平等，却依然存在华族、士族、平民的差别，并不等同于今天所说的真正的人人平等，但与江户时代相比已经有了很大改善。在"文明开化"的社会背景下，茶道各流派的家元都想在皇族、华族、士族之中巩固自己的经济地位，争先恐后地希望成为他们的茶道老师，但事实上并不能随心所愿，茶道界一时陷入困境。茶道这门艺术本应以一般市民为对象，因此必须向市民进行广泛宣传。如果将点茶方式、传授茶道的秘诀等设定得过于复杂，就会被时代淘汰，故而有人考虑将点茶方式和茶道秘诀简单化。但不可思议的是，在谋求简单化的同时，却又将传授过程复杂化。这其实是维护家元权威性的一个手段。家元紧握秘诀的传授权、许可证的颁发权，甚至独占签名权和颁发鉴定书的权利，由此保住了家元的权威，并稳固了经济地位，这种状态持续至今。也就是说，如果茶道的传授过程过于简单化，就会导致无人学习，所以在力求茶道简单化的同时，也应有它复杂的一面。

四　家元制度的组织化和宣传

在近代社会中，为了维护家元的权威和经济地位，最为必要的就是家元制度的组织化及宣传。

为此，各流派组织了以家元为中心的同盟会、同行会、研究会等，将各会的组织能力扩散到了全国。各会的总部当然设置在家元之下，并在各县设立支部，在美国、夏威夷等日本以外的海外地区也设立支部。各会频繁举办茶会、讲演会，通过一系列的活动普及茶道，扩大家元的势力。大家所熟知的表千家的"同门会"、里千家的"淡交会"等都是很好的例子。

家元还会发行各类杂志，这同样能起到良好的宣传效果。表千家有《茶道杂志》，里千家有内部杂志《淡交》（曾经是《茶道月报》，后与《淡交》合并），都是月刊。此外，武者小路千家在二战期间曾有杂志《武者小路》，由上任家元愈好斋宗守推出，现在已经停刊。远州流在二战期间曾推出杂志《苦之滴》，二战后更名为《其心》，每年出四期。之前石州流有杂志《茶之友》，现在改成了《石州》，在新潟地区发行。目前石州流在新潟最为兴盛，新发田①藩主沟口侯②的越后怡溪派转移到新潟后，怡溪派在市民之间非常流行，每月都会发行内部杂志《石州》。表千家的不白流有内部杂志《雪间》，最近江户千家推出了月刊《孤峰》。宗偏流每年推出四期杂志《知音》。各流派的家元都会发行专业杂志，宣传各自的流派。但宣传的同时也有不好的一面，就是会给弟子们分派发展新学员的硬性任务，让人感觉已经丢失了本该有的茶道之心。

在茶道界很少能听到批评的声音，也没有评论家。但在学艺领域，没有批评就没有进步。因此，为了茶道界的进步与发展，今后我打算毫无保留地提出自己的意见。

五　茶道界的民主化

暂且不论江户时代那种士农工商等级森严的封建社会，即使在人人平等的现代社会，茶道界依然需要推行民主化。

茶道精神来源于普度众生的佛教思想，就像释迦牟尼不论

----

①地名，新潟县东北部的城市。
②应该指沟口直谅（1799－1858），越后新发藩的第十代藩主。他热爱茶道，从石州流怡溪派中另起一派，称为"越后怡溪派"。

阶级力求普度众生一样，大慈大悲的精神才应该是茶道精神的根基。

要贯彻这一精神，首先茶道家元和老师应该丢弃原本的礼法、规矩，即使不要求家元隐退，至少也需要推行民主化。

已故的田中仙樵先生是现任大日本茶道学会会长田中仙翁的祖父，享年八十五岁，是位杰出的理论家，不仅在明治三十一年创立了大日本茶道学会，还发行了《茶道讲义录》、月刊杂志《日本的茶道》（现已改名为《茶道之研究》，同为月刊）等。另外，田中仙樵先生曾开设夏期讲习会，力图实现茶道的民主化。他重视实力主义，不断提拔优秀的弟子，并取消了家元这个名称，改称为会长。我不想对家元变为会长等名称改革做过多评论，但我认为，田中仙樵先生对茶道界的民主化确实做出了巨大的贡献。

最近，茶道界还出现了另外一个民主化的现象，那就是开始出现女性的身影。在江户时代，茶道界也曾出现过女性，但男性远远多于女性。日俄战争之后，随着战争遗孀的增多，不少女性为了支撑生活，开始从事茶道。当然，这只是其中的一个原因，还有许多其他的因素存在。

六　茶道界的近代化之路

明治之后，茶道界推行了多方面的民主化改革，但要真正实现茶道界的近代化，必须遵循艺术近代化的批判精神，虚心接受非专业人士的意见，同时不能懈怠于自我批评。还有一点很重要，一定要停止各流派间的相互对抗，各流派的势力争斗在二战时期曾一度非常激烈，这显然违背了茶道精神。要解决这个问题，需要举办联合茶会之类的活动。

另外，茶人自古以来被认为无学，必须改变这种观念。千利休的高徒山上宗二在茶道秘笈《山上宗二记》中写道：

> 总之，茶汤自古以来无书物，只须多看多记古代唐物，每每参加茶汤高人之茶会，提出独特创意，并昼夜考虑茶汤之事，即可成为茶师也。

单看上述文字，或许有人认为不读书也可以，但如果接着读下去，会发现书中还写道：

> 绍鸥每每教育弟子们，即使始终潜身茶道，依然难以进步，唯有铭记书中之精华。

从这些话中不难看出，绍鸥是位了不起的学者。《山上宗二记》包含了两方面的内容，不能只读一处、片面理解。所谓的"无书物"，并非指可以不读书，只是说没有相关的实用书。由此可见，宗二是位杰出的理论家，在当时看来是极具批判精神的人物，正因为如此，才会被秀吉杀害。

最后谈一谈冈仓天心，他是明治时期的文化评论家，同时也是研究茶道的学者，并于明治三十九年五月（1906 年 5 月）在纽约出版了《茶之书》。天心主张茶道的近代化，认为茶室是美的殿堂，只要用心，即使在日常生活中也能发现伟大之物。他将茶道广泛介绍到了世界各国，《茶之书》被翻译成了德语、法语，堪称明治时期的经典名著，同时也是划时代的茶道启蒙书。

明治维新之后，伴随着"文明开化"，在近代化的社会中，茶道界逐步走向了民主。但是，忽略了真正的茶道精神，只注重学习点茶形式及茶道礼仪的现象并未消失。我认为，现代社会的茶道一定要具备与社会生活相适应的创意和特点，不拘泥于形式，在发扬优点的同时，虚心接受正确的批评。下面，我想简单探讨一下现代茶道的模式。

虽说是茶道的模式，但具体到茶道或茶汤上，从古至今并未发生太大变化。因此，所谓的茶道模式，实际上就是茶道界的模式，于是茶事、茶会等各类问题便显露了出来。

这里所说的茶事，是指在类似"数寄屋"的四叠半的小房间里品评浓茶的活动，一般有五位客人。不过，如果是像里千家的今日庵那样一叠又一台目的狭小茶室，客人就是三人左右，总之，不能超过五人。然而，如果是书院茶会，客人就会在五人以上，如果是大型茶会，人数会更多。即使不是大型茶会，只要在大房间里有五位以上的客人，就叫作茶会。这就是茶事与茶会的区别。

要说茶事、茶会如何走向近代化，需要和江户时代的茶事、茶会进行比较才能明白。明治之后，机械文明不断进步，但并不意味着茶会也随之取得了进步。想必各位读者都立志于茶道，从事茶道研究或具体从事茶事，在此我想对现代的茶道进行反思并加以批评。

说到批评，由于茶道属于文艺范畴，必须要言辞尖锐。下面的内容或许有些过激，甚至会给大家留下不快的印象，但我还是想坦率地说出平日的真实感受。

七　利休之后的茶道颓废

江户时代是封建社会，茶事、茶会都被看作是高品位的活动。

虽说茶道确立于千利休时代，但在近世之前的中世，不仅限于茶道，包括演艺、艺术等领域，老师都不会轻易教授弟子其中的秘诀或者说奥义，而是选择所谓的秘传之法。现如今，大学和演讲会都是公开的，而在以前，老师会以秘传的方式将关键内容口传给被选出的弟子。因此，挑选弟子时要进行严格的筛选，用现在的话说就是面试。现在，大学的面试只需要三五分钟，在古代则需要三年左右的时间。在这段时间里，如果弟子中有合适的人选，就会以口传的方式教授秘诀。由于传授内容不会公开，也不会告知外人，自然不会遭到别人的批评。弟子会原封不动地继承老师的流派做法，绝不允许加以质疑。在这样的状态下，艺术和技艺不可能取得进步。要想进步，就需要向所有人公开，并敢于接受大家的批评。在江户时代之前，并不具备这样的条件，大家都是在一无所知的情况下被动接受。

千利休的第一高徒山上宗二将师父的口传内容记录了下来，这种做法原本是绝不允许的。也许宗二感到，自己无论如何都记不住那么长的讲解内容，这才记了笔记。当然，其前提肯定是不能被外人看到，但不知从何时起，笔记内容作为《山上宗二记》公诸于世。作为能阿弥、珠光、绍鸥、利休代代相传的茶道秘笈，此书的内容最为精确丰富。自古以来都说"茶汤无书物"，主要原因在于，茶道一直是以口传的方式代代相传。山上宗二对内容加以注释，并加上了自己的批注，看来他是位很有思想的茶人。幸亏山上宗二为我们留下了这本著作，否则直至今日，我们依然不了解当年茶道的秘传或者说奥义。通过《山上宗二记》，我们能够清楚得知利休时代的茶道是如何操作的，同时也能管窥到利休对茶道的理解和认识。利休崇尚实力主义，认为人是茶道之本，并将茶人划分为"名人""数寄者""茶汤者"等不同类别，明确规定了茶人的资格，以及"数寄者"中还包括"侘数寄者"等。包括作为"茶汤者"内心的精神准备，书中都有详细记述。看到这些，不禁让人敬佩利休时代的茶道。在当下，虽说茶道实现了现代化，却已分不清什么样的人能称为"数寄者"，什么样的人算"名人"，总感觉自称名人的人越来越多。江户时代之后，由于失去了明确的标准，导致茶道的根本发生了动摇。

利休时代之前的名人，当然要数珠光、引拙、绍鸥三人。之后的名人，依我的判断，有古田织部、小堀远州、片桐石州等人。再之后，"数寄者"或"茶汤者"往往指那些单纯喜欢茶道，或是拥有气派的茶具，能够举办茶会之人，但真正的"数寄者"其实并非如此。《山上宗二记》中对"数寄者"的资格有明确规定，并非普通人能够做到。而"茶汤者"，也就是今天所说的茶道老师，并非只是在各地架上茶釜开茶会那么简单，必须要对茶道有相当透彻的精神领悟。

利休之后茶道之所以衰退，我认为与茶人标准含糊不清有着直接关系。现在有人主张"回归利休"，主要是因为从江户时代开始，利休基于实力主义制定的严格标准开始崩溃，而现在人们逐渐意识到，还是要遵守利休的茶道标准。在江户时代，利休的精神和茶道标准遭到忽视，茶道流于形式，这主要是士农工商的身份制度带来的结果。但同时也出现了对抗这种社会现象的茶道形式，那就是能够自由品茶的煎茶。煎茶的爱好者主要以画家、书法家等文人为中心，我认为这是对德川封建社会讲究形式的茶道的一种抵抗。江户时代之后，随着时代的发展，茶会的模式、点茶的形式越来越复杂、繁琐。从利休的轶事可以看出，战国时代茶道的形式非常自由，"数寄者"只需要掌握茶道的精髓，点茶礼法等细枝末节的问题无关紧要，彻底贯彻茶道的精神才是关键。然而，之后的茶道越来越忽视精神层面上的价值，变成了注重复杂程序的形式主义。丰臣秀吉曾经在北野松原汇集众人举办茶会，无论町人还是农民都能自由地品茶，这种场面在后来已经无法想象了。

昭和十二年，我有幸观看了纪念秀吉北野大茶会的茶会表演，但再也不可能重现当年自由茶会的场面了，总感觉是在向大家炫耀家元的权威以及财阀们的奢华茶器，这也是忽视茶道精神，只重视外观、形式的结果。不仅是茶汤的形式礼仪，伴随着家元制度的建立，对于茶事中使用的茶器，家元的鉴定书也变得反而比茶器的内在价值更受重视。

即使现在，如果打开茶器或挂轴的箱子，里面就会有墨迹鉴定专家的签名印章或鉴定书。小堀远州的签名印章一直以来颇受重视。这类具有鉴定担保意义的签名印章始于远州，兴盛于江户时代，家元的签名印章或鉴定书地位非常高。茶器亦是如此，首先看鉴定书，然后再看内容。更有甚者，如果没有鉴定书，就认为是没有价值的东西，这种陋习从江户时代一直沿续至今。

八　明治以后的茶事、茶会

到了明治以后，举办茶事或茶会的风潮大多涌现在实业界。实业界的茶汤爱好者举办的茶会，有京都的光悦会和东京的大师会，云集了三井财阀的益田钝翁、根津青山、井上世外等一流的政治家和实业家，也包括藤原晓云、小林逸翁、松永耳庵等江户时代的堺城町人，以及大阪的河村瑞轩等被称作"数寄者"的实业家。这样的茶会，一般人很难参加。

成为富豪或会长级别的人物后，很多人开始热衷于茶会。

一般情况下，日本人年轻的时候会对外国文化感兴趣，到了五十多岁就不再热衷于外国文化，反而会转回日本文化。也就是说，日本人会随着年龄的增长，越来越关注茶道。但是，这类由实业家等地位显赫之人组织的茶会，被世人称作"茶具会"，因为茶会之上会出现大量的天下名器，颇有炫富之嫌。这或许是我的个人偏见，但炫耀完全违背原本的茶道精神。虽说如此，为客人的身份划分高低也是人之常情，因受生活环境左右，不得已而为之。茶道的根本精神讲究的是不分上下人人平等，然而尽管道理大家都明白，实际上却很难做到。

明治时期出现的"立礼式"无疑是划时代的创意。明治五年在京都举办博览会之时，玄玄斋因为担心外国人不习惯坐榻榻米，于是想出了这种方式。但在今天，外国掀起了日本热，很多人对日本感兴趣，想要了解日本文化，并希望尝试坐榻榻米的感觉，甚至有些外国人比日本人更了解茶道。因此，我们不能因为对方是外国人就一概而论，应该随机应变、灵活处理。

另外，我们经常能看到，女士们在结婚前学习茶道或花道，作为出嫁前的必修课。现在的女性，在点茶时彬彬有礼，点茶结束马上恢复原样。茶道老师中也有这样的人，有人甚至会受到自己丈夫的指责："你明明懂茶道，怎么这样开拉门？"也就是说，即使在点茶之时动作沉稳安静，但人的本性不会轻易改变。

不过，懂茶道总比不懂要好。

最近盛行举办茶会，而且大多是追求人数的大型茶会。要说"数寄屋"的茶事，总感觉既费时间，又没有什么效果。但如果一直这样发展下去，绝对不行。每年春秋之季，不管走到哪里都能看到茶会，大有娱乐化的趋势。茶会门票也成了一大问题。将推销门票作为茶人的一项工作无可厚非，但如果硬性规定每人必须卖出多少张票，似乎已经偏离了茶道的主题。即使不能断言这种做法违背了茶道精神，但如若这么程式化，客人也会有各自的小算盘，假设是大型茶会，考虑到会费，客人们也许会盘算着不出席四五场就不合算。如果真是如此，那将彻底失去茶道的意义。

下面说说我参加茶会时的一些感受。有时接到茶会邀请，原以为我是主宾，实际去了之后才发现已经有了主宾，自己只好坐在次宾席上。还有一次，正当我按顺序等待时，茶师突然安排我提前，说如果按顺序的话不知要等到什么时候，让我很是为难。而利休不同，他会严格规定所请客人的顺序，将贵客定为主宾，剩下的按年龄排序。如果有不速之客，无论对方社会地位多高，都不可能请他上座。《南方录》中记载了利休茶会时的轶事，有一次利休举办茶会的时候，羽柴秀次的家老，也就是大名木村常陆介突然光临，利休却毫不在意，并没有因为来了身份高的贵客就将其让到上座，而是按照原定顺序点茶。利休从不会因为客人的地位或权力破坏茶道的顺序，我认为这并非难事，而且不需要特别为难。但在今天，人们似乎不愿做这种本能够做到的事情。

九　对茶道的批判和改革论

在探讨茶事、茶会的改革之前，首先要回顾前人对茶道的批评和改革理论。长久以来，茶道是不被允许批评或改革的，在我看来，历史上只有利休和山上宗二两人曾有过批判性的态度，这从《山上宗二记》中可以看出。最有趣的轶事集《茶话指月集》中，既有利休受邀参加茶会的故事，也有利休邀请客人参加茶会的故事。从这些故事来看，他似乎是位特立独行的怪人，但仔细阅读后会发现，利休并非古怪，多数情况下是因为其他茶人的努力方向不对，才遭到利休的斥责。

据说有一次利休受邀参加某处的茶会，当时庭院里有一扇非常漂亮的木门，弟子们看到后纷纷赞不绝口。利休却认为那扇门根本算不上风雅，因为它是专门花钱从很远的地方定制的。真正的风雅应该是利用现有木材随性制作，根本不需要花钱。

从表面上看，利休似乎总爱打断弟子的话，并提出反对意见，但实际上，他为了彻底贯彻茶之道，不断在对当时的茶事、茶会提出尖锐的批评。

在日语中，擅长点茶的人被称作"手上手"。奈良春日神社的神主久保长暗堂是位"侘"茶人，著有《长暗堂记》。据此书记载，利休曾说"不要羡慕手上手"。一般看到擅长点茶的人，大家都会感到羡慕，但利休认为点茶只不过是表面功夫，没有必要羡慕。

进入江户时代后，片桐石州也在《宗关公自笔案词》中写道："茶汤，自然之寂则妙，人为之寂则恶。"也就是说，自然而成的"寂"最好，人为营造的"寂"显得造作。这与利休批评的"似而非之寂"一脉相承。

汉学家太宰春台①著有《独语》一书，他批判当时的茶器过于陈旧，人们品茶时不应该用那么陈旧的东西，应该时常更新器具。书中还写道："人人用不同之茶碗"。仔细想来，如果在亲朋好友等关系亲密的人之间传饮浓茶，会有增进感情的良好效果，但如果素不相识的人聚在一起传饮，确实令人不快。看来在江户时代，就已经存在这类批评的声音了。

---

① 太宰春台（1680-1747），江户中期的儒学家，与服部南郭并称古文辞学派的双璧。

出云松江的大名松平不昧是石州流不昧派的创始人，他在自己的随笔集《赘言》中写道："茶人乃盗取'茶道'二字的大罪人。"这句话同样适用于今天的茶道界。因为不昧是大名，才敢于提出如此尖锐的批评意见。

进入明治之后，冈仓天心著有《茶之书》。此书并非是在批评茶道，而是在褒扬茶道。该书的目的是为了在日俄战争后，向海外宣扬具有国粹精神的茶道，反映日本的社会状况。当时是武士道精神备受尊崇的时代[①]，冈仓天心认为，武士道宣扬"死之术"，茶之道宣扬"生之术"，他还从对武士道的批判出发，对茶道大加赞扬："如今有人研究'死之术'，却无人关注'生之术'。而茶道，正是'生之术'的代表。"

进入昭和之后，人们开始从多角度对茶道进行批判。特别是在战后，出现了崇洋媚外之风，似乎所有的东西都是进口的品质最好，不是洋货就不被接受。距今二十几年前，在文艺杂志《新潮》中，有一位作家曾大肆批判当时的茶道："现如今依然流行茶道，是因为日本太穷，所以才会在四叠半那么狭小的地方品茶。如果日本人手头富裕一些，就不必如此了。茶道，

---

① "明治维新"时期日本主张西化，废除武士阶层以后，进一步把武士精神及佩刀等视为野蛮的思想和行为。日俄战争之后，日本开始系统研究武士阶层的文化和精神的传承。

实际上是贫困日本非近代性的扭曲趣味。"但是，一位茶道宗匠邀请这位作家品茶，之后此人再也没有批判过茶道，实在不可思议。

民间工艺家柳宗悦在其著作《茶道改革》中写道："现在的茶人，一味在意是否有远州的鉴定书或家元的签名印章，却从不用自己的眼睛去辨别茶具之美。无论是民间工艺品还是其他东西，只要适合做茶具，完全可以用于茶道，现在的茶人却不这样做。"书中还严厉批评了利休之后的茶事，"都说利休之后茶道开始堕落，在我看来，茶道之堕落始于利休。利休之前的茶人更为优秀，他们都拥有杰出的鉴别力，能够从中国或朝鲜进口的器具中挑选出合适的茶具。但到了利休时代后，茶具被严格规定了标准样式，除此之外一概不被承认。因此，茶碗从'乐烧'开始堕落，长次郎之前还算好，长次郎之后完全不行了。利休被秀吉命令切腹也是情理之中的事情。包括远州和石州，也没有什么了不起。"上述批评是否恰当，还值得商榷，但作为他山之石，依然有许多值得借鉴之处。不过柳先生对利休、远州和石州的负面评价，我认为有欠妥当。接下来是某位名人著作中的一节：

　　茶席主人应该做的，是将长久以来背负着对立宿命的人们共聚一室，让他们全身心地投入到点茶之中，由此消除隔阂，实现心心相通。如果不能通过艺术之力，化解那些在路上偶遇就会决斗的人们之间的矛盾，就没有发挥主人之职责。茶道要顺应现实政治的要求，也就是要顺应时代，以此实现从艺人的技艺向艺术的升华。尽管从目前完全形式化的茶道来看难以实现，但这种境界才应该是茶道的真正本质。

只有不从事茶道活动的人才会说出上面的话。当然这要看如何解释，但我认为，并不能因为今天的茶道无法像从前那样以艺术之力化解矛盾，就断定茶道已经形式化。另外，书中还有如下论述：

为什么利休摘掉了所有的牵牛花？或许这的确是茶道之奥义，而正是这种奥义，决定了日本人的文化取向。面对满园绚烂的牵牛花，气度小的人会心神不定，只有心胸宽广之人才能从中感受到绚烂之精彩。普通日本人没有这么广的心胸，只有丰臣秀吉除外。在日本历史中，或许只有秀吉一人，才能达到在任何奢华面前，都能泰然自若的境界。

这种见解实在匪夷所思。利休认为满园盛开的花属于自然现象，但插花不同，所以他打破了自然状态，作为艺术，只插了一朵花。这位名人却认为"因为担心会心神不定，为了集中精神，所以在壁龛处只插一朵花。气度小的人才会这样做，气度大的人就能泰然自若，保持心平气和"。我认为这是完全错误的看法。任何人都有能力鉴赏鲜花自然盛开的样子，即使我们成不了秀吉，看到新潟市的郁金香园也会觉得漂亮迷人，绝不会心神不定。但如果要看自然盛开的鲜花，去院子里看就可以，没有必要专门摘一朵作为插花装饰在壁龛中。利休之所以摘掉院子里的牵牛花，是因为那些花妨碍了他欣赏一朵牵牛花。另外，这位名人在他的另一本著作中写道：

　　　　茶道并非奢侈之产物，而是贫穷之产物。毫不浪费地细细品味"茶"这种珍贵的奢侈品，便是茶道之精神。

　　　　程序异常繁琐，用料极为简单，这正是日本艺术，确切地说，是日本文化的本质。茶道也并未脱离这一本质。将茶叶碾成粉末饮用是非常原始的做法，主客双方都要经过极为繁琐的礼仪才能品茶。在品茶过程中尽可能将材料简单化，却通过增加复杂的饮用方式提高品茶的价值。不仅是茶道，大家都认为日本文化的特质也是这样，单纯、清澄、侘、寂、调和、纯粹，的确如此。但恕我直言，这实际是贫穷的艺术化。这种纯粹除了意味着剔除了多余的附加物，同时也意味着缺乏附加物和金钱。而"侘"或"寂"，是因为单靠"纯粹化"无法成为艺术，这才加入了"侘"和"寂"，试图无中生有罢了。

对这种以偏概全的说法，笔者实在无法认同。认为茶道是贫穷的艺术化，未免过于偏激。如果是常年从事茶道或是研究茶道的人，或许能够给出更加恰当的评论，对此我深感遗憾。

以上列举了以往出现过的较为典型的针对茶道的批评意见，看来茶道曾经受到过各种批评。但是，认为"富裕国家不需要茶道，贫穷国家才会有茶道"的想法，必将导致对茶道本身的极大误解。无论是某作家的论调还是某名人的意见，都只是肤浅的见解。归根结底，茶道应该是人与人交往的一种社交生活规范。茶道能够消除俗世中人与人之间的心灵隔阂，而所谓"侘"或"寂"，实际上是主人接待客人时的低调姿态，并非因为贫穷才靠"侘"来掩饰。看来就算是作家或评论家，也有很多人没有真正理解茶道。

十　对现代茶道的希望

　　说到对茶事、茶会改革的希望，当然不能一概而论，下面只简单叙述几点我意识到的问题。首先，当今的茶事、茶会变得过于形式化、娱乐化，或者说节日化。其次，我不赞同为了盈利目的举办茶会的做法，同时我也认为，不应该如此频繁地举办茶会。

　　著名的江户幕末大老井伊宗观，在《茶汤一会集》中提出了"一期一会"的概念，意思是说，人在一生中只举办一次茶会。当然没有必要硬性规定，但一定要抱着"此生一次"的信念去努力准备。茶会一旦向娱乐化的方向发展，就会一年到头不停地举办，举办方只是在机械性地重复，最后会对茶会变得漫不经心。参加这样的茶会，肯定不会有丝毫的愉悦感，只不过是在消磨时间。

　　正月一般会举办"初釜①"，原本是只有弟子和家人参加的内部活动，现在却变成了挣钱的手段，逐渐走向娱乐化，对此我实在无法接受。另外，如果看过大学生的茶会，会发现基本

---

①茶道各宗派为庆祝新年在正月举办的茶会。

上都有家元或茶具店做赞助，但学生办茶会就应该有学生的样子，这才是学生茶道的本分。

关于茶事、茶会中所使用的茶具的选择和搭配，正如前面的柳先生所说，不应该过分拘泥于鉴定书和签章，关键要靠自己的眼睛，选择合适的茶具。茶具搭配也是如此，不要遵循习惯，而是应该熟练使用好其中的一组搭配。

川上不白曾将他的师父——表千家四世如心斋口授的茶道秘诀记录下来，整理成《赠予啐啄斋的不白笔记》，并赠予了如心斋的儿子啐啄斋，书中写道：

> 自古以来，所谓的"侘"，指持有一种茶具并一直使用，而我要将它和新茶具搭配在一起使用，其中任何一种器具都能和其他名具拥有者的茶器相并肩，这才是真正的名品茶具拥有者的"侘"之境界，故而才能成为茶具名器。这完全靠此人的根性，由于当时的人们缺乏这种根性，因此没有名物名品。如今一旦提到"侘"，皆有不洁之义，"侘"实为根性，两者差别很大。

这番话非常有道理。我曾多次提到，所谓的"回归利休"，就是要重建利休时代对"数寄者""侘数寄者""茶汤者"等茶人的规范标准。在现代社会中，不要只注重形式上沿袭，更应该注重主人与宾客的心得体会，关键在于如何招待客人。换言之，比起形式上、物质上的东西，精神上的体验更为重要。利休之后，人们忘记了茶道最根本的精神，茶道也堕落成了专供别人欣赏的形式上的茶事、茶会。随着社会的现代化，茶道开始变得职业化、娱乐化，不可否认地呈现出固步自封的倾向，这样一来必然缺乏魅力。包括点茶，也应该重新认识，并改进浓茶的传饮方式。对于茶道的批评力度也可以再大一些。

此外，将"茶之心"运用到家庭生活和社会生活，以此改善纷繁复杂的现代社会中，节奏紊乱的家庭生活和职场生活。在茶事、茶会中，要彻底贯彻正确的"茶之心"，并将其作为世俗生活中的规范。在新的时代不要因循守旧，而是要打破陈规、不断创新，敢于去发现去尝试新的茶具，这种不断努力的态度才是最重要的。

图书在版编目（CIP）数据

茶道六百年／〔日〕桑田忠亲著；李炜译．—北京：
北京十月文艺出版社，2016.2
ISBN 978-7-5302-1533-3

Ⅰ.①茶… Ⅱ.①桑…②李… Ⅲ.①茶叶－文化－日
本 Ⅳ.① TS971

中国版本图书馆 CIP 数据核字（2015）第 278206 号

著作权合同登记号 图字：01-2015-4731

CHADOU NO REKISHI
© Chitose Motobuchi 1979
All rights reserved.
Original Japanese edition published by KODANSHA LTD.
Publication rights for this Simplified Chinese character edition arranged with KODANSHA LTD.
through KODANSHA BEIJING CULTURE LTD. Beijing,China.

茶道六百年
CHADAO LIUBAINIAN
〔日〕桑田忠亲 著
李炜 译

出 版	北京出版集团	
	北京十月文艺出版社	
地 址	北京北三环中路 6 号	
邮 编	100120	
网 址	www.bph.com.cn	
发 行	新经典发行有限公司	
	电话 (010)68423599	
经 销	新华书店	
印 刷	北京中科印刷有限公司	
版 次	2016 年 2 月第 1 版	
	2022 年 7 月第 7 次印刷	
开 本	850 毫米 ×1168 毫米 1/32	
印 张	8	
字 数	110 千字	
书 号	ISBN 978-7-5302-1533-3	
定 价	68.00 元	

质量监督电话：010-58572393

版权所有，未经书面许可，不得转载、复制、翻印，违者必究。